后浪出版公司

日常生活中的

发明原理

トリーズの発明原理 40

〔日〕高木芳德 著

蔡晓智 译

四川人民出版社

前言

"创造力"一直是很多人研究的课题，为人们所憧憬。计算机问世以后，作为人类胜过人工智能为数不多的能力之一，创造力更加受到关注。

"创造力"可以说是人类最后一个堡垒，为了锻炼这项能力，人们研究出了很多创新方法并付诸应用。其中包括由9个方面73个问题组成的奥斯本检核表法、曼陀罗思考法、TOWS矩阵分析法等。

这些方法各自形成简单的体系，便于理解和应用，所以得到了广泛运用。

这些方法也确实很有效。但是随着使用者的熟练程度不断提高，他们最终基本上都会面临同一个障碍：即用这些方法得出的创意都停留在"只是在自己的经验范围内前进了一步"的程度。

这是因为现有的大多数创新方法都不外乎"分类（或提示如何分类的线索或标签）""设置2条坐标轴把n个分类整理为n×n的矩阵""互相比较""逻辑思考"之类的内容。

这些技巧实际上都是在"提供其他的视角"。也就是通过各种不同的视角，来分析已经存在于自己头脑中的以往经验，将其与其他经验组合起来，从而"创造"出新的事物。

这就像是只用"过去用过的食材"进行烹调。虽然通过学习新的烹调方法能够暂时增加菜品种类，但反复实践就会发现，菜品的范围还是有限的。

这样一来，我们就需要新的食材，也就是不同于以往的信息和经验。

这就要求我们在不同于以往的新领域进行工作或学习。但是新领域与以往的领域差别越大，就越难以很快掌握。正因为这个原因，人们很难创造出划时代的创新。

但是，如果有一种创新方法本身就包含了"在不同领域学习的方法"，甚至其中已经具备了"不同领域的知识"，那么又会怎样呢？

而且如果这种方法还是经过数百万数据验证的"理论"，又会如何呢？

这个创新方法就是本书将要介绍的TRIZ，一种创造性解决问题的理论（Theory of Inventive Problem Solving）。

TRIZ这个词，人们并不经常听到，很多人都不知道它应该怎么读。而且，TRIZ也并不是Theory of Inventive Problem Solving的开头字母的缩写。而是俄文的英语音译Teoriya Resheniya Izobreatatelskikh Zadatch的缩写。

顺便介绍一下，TRIZ的俄语名称写法如下。

Теории（理论）

решения （解决）

изобретательских （发明）

задач（问题）

TRIZ 是 20 世纪 50 年代由苏联专利审查员根里奇·阿奇舒勒创立的。

听到专利审查员，人们也许会觉得有些不可思议。但是想想看，专利审查员的工作就是对划时代的（或者自称划时代的）发明专利进行审查。

根里奇·阿奇舒勒正是一个专利审查员。在日复一日审查专利的过程中，他注意到一个问题："在不同领域里，解决问题的方法是否有些共通要素？"

于是他以成百上千项专利为基础，从中提取出"发明的窍门"，并以此为起点，最终成功地总结出体现发明的"共通要素"的一系列法则。

然后，他使用"创造性解决问题的

理论"的俄语开头字母，将这个方法命名为 TRIZ。

其中他最早确立的就是本书介绍的"40 个发明原理"。

使用这 40 个发明原理，能够通过其他领域过去的失败和成功进行更深入的学习。而且，还能帮助不同领域的技术人员或商务人士进行"逼近技术本质的沟通"，而这在以往是很难做到的。

我可以肯定，与多背 400 个英语单词相比，掌握这 40 个原理更能帮助我们在技术方面过上富足的生活。

TRIZ 在创新方法中格外突出，其原因在于它在创立之初就考虑了"跨领域的共通性"，在于阿奇舒勒及其继承者对这种方法不断进行了科学验证和改进。

很多创新方法都没有超过主观假设的范围，停留在定性评价的层面，即"实际应用后，成绩有所提高"。与此相

比，阿奇舒勒却对 TRIZ 进行了"量化验证"。这也正是因为阿奇舒勒是专利审查员，才得以实现的。

也就是说，因为阿奇舒勒所处的环境可以以专利的形式获得几十万、几百万个"解决问题的结果"，他才能够通过这些专利来验证自己"创造性解决问题的理论"的假设。

阿奇舒勒的验证工作投入了大量人力，有很多学生支持和帮助他的工作。可以说，人海战术才使验证成为可能的。

因此，TRIZ 是"苏联专利审查员以专利为基础"确立的、"通过超过 200 万件专利进行了科学验证和改进的""可以跨领域应用的"、无与伦比的、卓越非凡的创造性解决问题的理论。

但是我想很多读者在看到本书之前，可能既没听过也没有看过 TRIZ 这个词。为什么这项理论几乎不为人们所知呢？这是因为 TRIZ 是一种产生于苏联的理论。

在年轻人的印象里，可能会觉得世界上只有美国最为强大。但是在1991年苏联解体之前，从"美苏冷战"这个词就可以看出，苏联曾是美国的强劲对手。

全世界最早实现了载人宇宙飞行的国家就是苏联，日本人第一次造访宇宙也是乘坐苏联的宇宙飞船"联盟号"。

冷战期间，1949年美国方面建立了东西方统筹委员会（COCOM），对社会主义国家实行禁运，唯恐技术传播到苏联。

受这些规定的限制，禁止对社会主义国家出口16位以上字长的计算机。据说当时苏联编辑录像主要是使用8位的MSX计算机。

苏联在信息技术、计算机能力等方面远远落后于西方国家，但在军事及宇宙技术方面却与美国势均力敌，力压其他西方国家。也有观点认为，其原因就是苏联拥有TRIZ（阿奇舒勒也曾经是海军军官）。

TRIZ的影响力究竟有多大姑且不论，总之在苏联时期，它作为秘而不宣的技术对西方国家是严格保密的。

1991年苏联解体之后，TRIZ的相关技术人员来到西方各国，在这些国家引起了很大的冲击。

现在欧洲有专门研究TRIZ的研究室，还有因为从事TRIZ研究获得博士学位的人。

此外，据说使用许可权售价高达几百万日元的TRIZ软件很畅销，在工作中使用TRIZ的咨询师也能获得丰厚收入。

虽然在日本还不太为人所知，但是在知识爆炸和知识细分加速发展的今后，TRIZ可能会比数据科学家更加令人瞩目。

我们来总结一下。TRIZ是"创造性解决问题的理论"，以数百万件申请专利的发明为基础，是经过国家层面数十年的验证而开发出来的。

本书以一般读者为对象，首次详细介绍TRIZ最初的原点，目前这种方法已经在欧美各国创造出诸多高价值业务。

您能看到本书，真的非常幸运。

掌握这40个发明原理，就能在日常的工作和生活中迅速抓住技术的本质，从而获得高水平的智慧。

现在我们就一起去TRIZ的世界尽情遨游吧！

目 录

第1部分　TRIZ发明原理入门

第2部分　40个发明原理

构思系列

第1组　拆分 …………………………… 32

第2组　组合 …………………………… 48

第3组　预先 …………………………… 64

技巧系列

第4组　变形 …………………………… 81

第3部分 发明原理实践篇

第 1 部分

TRIZ 发明原理入门

发明方法要符合科学，
而且必须符合科学。

—— TRIZ 首创者　根里奇·阿奇舒勒

TRIZ 发明原理

TRIZ 发明原理是什么？

TRIZ 意为"创造性解决问题的理论"，是一个目前仍在继续发展的庞大的理论体系。本书所介绍的"发明原理"为 TRIZ 的原点，同时也是其他所有理论的基础。

正如前言介绍的，这些发明原理是在研究了大量专利的基础上创立的。

阿奇舒勒曾经是苏联专利审查员，在接触大量专利的过程中，他注意到了一个现象：在不同领域里，相同的问题和相同的解决方法总是会反复出现。

此外，阿奇舒勒还注意到了另一个事实：某个领域最近才获得解决的问题当中，其实有九成都已经在其他领域得到了解决。

所以阿奇舒勒最终提出了"解决问题的通用流程"。

面对有待解决的问题，人们有时可以根据过去已经解决的类似问题及其解决方法，顺利地类推出解决方法。

擅长解决问题的人，很多都是善于对过去解决过的问题进行引申的人。

不过，这样的话，要擅长解决问题，就要先解决过很多问题。这一点对我们来说，恐怕有点难。

此时可以用到 TRIZ 的发明原理。因为这些原理就是解决问题的通用流程，是从一个个具体问题的解决方法中提炼出来的。

也就是说，世界上数不胜数的"具体的解决方法"，都可以归结到这区区 40 个普遍性原理当中。

把这些原理作为解决问题的线索，既可以获得其他领域的新知识，同时还可以获得如何重新组合已有要素的重要启示。

本书从下一页开始，介绍了从"#1 分割原理"到"#40 复合材料原理"的内容。随着序号增大，发明原理逐渐从较为抽象的内容过渡到具体的解决方法。

1 分割原理

2 分离原理

3 局部质量原理

4 非对称原理

5 合并原理

6 普遍性原理

7 嵌套原理

8 配重原理

9 预先反作用原理

10 预先作用原理

11 预先防护原理

12 等势原理

13 逆向思维原理

14 曲面化原理

15 动态化原理

16 不足或超额行动原理

17 维数变化原理

18 机械振动原理

19 周期性动作原理

20 连续性原理

21 高速运行原理

22 变害为利原理

23 反馈原理

24 中介原理

25 自服务原理

26 替代原理

27 一次性用品原理

28 机械系统的替代原理

29 流体作用原理

30 薄膜原理

31 多孔材料原理

32 改变颜色原理

33 同质性原理

34 抛弃或再生原理

35 参数变化原理

37 热膨胀原理

38 加速氧化原理

39 惰性环境原理

40 复合材料原理

36 相变原理

问题抽象化

39 个烦恼

很多问题都是因为需要同时解决两个以上彼此矛盾的问题而产生的。前文列举的 40 个发明原理则有助于解决这些矛盾。

例如飞机机翼。如果航行过程中机翼损坏会导致重大事故，所以强度越高越可靠。但是提高强度就要增加金属的用量，重量随之增加，燃料的消耗就会更多。也就是说，既追求强度，又追求轻量化，就会出现矛盾。

实际上，这种情况可以用"**#40 复合材料原理**"来解决。使用碳纤维增强复合材料（CFRP）可以消除这个矛盾。

但是，每次面对不同的问题，我们应该如何从 40 个发明原理中做出选择呢？

使用"矛盾矩阵"可以解决这个问题。

阿奇舒勒不仅对解决问题的方法进行抽象化，总结出了 40 个发明原理，还对"专利要解决的问题"本身进行了抽象化。他发现，人们要解决的烦恼归根结底只有 39 种。TRIZ 把这些需要解决的烦恼称为"特性参数"。

然后他还想到，对于同样的烦恼组合，可以使用同样的发明原理，于是重新整理了数十万件专利，按照效果大小的顺序列出所有能够有效解决各种矛盾的发明原理，做成一个表格。

这个表格被称为矛盾矩阵，横向和纵向各有 39 个项目，规模非常庞大。它的用法很简单，只要参照两个相互矛盾的特性参数相交叉的单元格，就可以知道哪个发明原理可以发挥作用。

以前文提到的飞机机翼为例，如果将特性参数 14：强度 和 1：运动物体的重量看作矛盾的两个方面，找到二者的交叉点，就可以找到"**#40 复合材料原理**"。

改进的参数 \ 变差的参数	1 运动物体的重量
1 运动物体的重量	
2 静止物体的重量	
...	...
14 强度	1,8,40,15

由此可以看出，TRIZ 能够通过定量的数据分析提出解决方法，这一点也是它与那些只整理问题并进行联想的其他解决方法的本质不同。

第 1 部分结尾附有阿奇舒勒制作的矛盾矩阵。

如何把问题抽象化？

明确问题所在

40 个发明原理中哪一个会有效呢？参照要解决的烦恼相互交叉的位置，即矛盾矩阵中两个特性参数交叉的位置，就可以找到合适的方法。

那么正确使用发明原理，就还需要下面这个步骤，即如何确认矛盾的特性参数。

接下来就介绍"矛盾定义"的方法，通过这个方法可以确定问题所在。

来考虑一下"将手机做得更结实"这个具体的课题。

首先我们能想到的是，可以把手机外壳做得厚一些。但是手机外壳加厚的话，重量相应也会增加，这就是 TRIZ 中的矛盾。

为了便于理解，可以将得到改进的项目和变差的项目加以区分，用图来表示。TRIZ 中的有益作用以直线表示，不利作用以波浪线表示。

然后选择与矛盾的两个问题相对应的烦恼，即特性参数。例如，"变得更结实"的特性参数是 14：强度，"重量增加"的特性参数是 1：运动物体的重量。

这样，我们就将问题落实为两个特性参数的矛盾，接下来就可以查找矛盾矩阵了。

其实，这个矛盾与前面的飞机机翼的例子是一样的。我们知道，要解决这个矛盾，可以使用"#1 分割原理""#8 配重原理""#40 复合材料原理""#15 动态化原理"。

矛盾矩阵中列出的发明原理的顺序，是根据其能帮助人们解决矛盾的可能性的大小来排列的。

例如这个例子和飞机机翼的例子一样，可以应用"#40 复合材料原理"，使用碳纤维增强复合材料制作手机外壳，但"#1 分割原理"是被列在最前面的候补选项。

这个方法不是只靠手机外壳来确保强度，而是提供了另一个创意，即在手机内部分割出不同的空间，在不增加手机外壳厚度（即重量）的前提下，实现将手机做得更结实的目的。

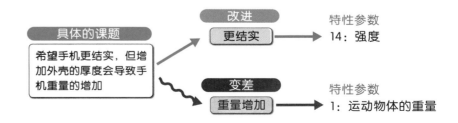

要解决的烦恼是什么？

通过矛盾定义明确眼前的问题，确定要解决的烦恼所对应的特性参数，再从矛盾矩阵中找到发明原理。相信大家已经初步了解了这一系列的流程。

在这一整套流程当中，进行了矛盾定义之后，需要实际在 39 个特性参数中进行选择，这一步其实比较难。接下来就介绍需要注意的问题和技巧。

运动物体和静止物体

观察矛盾矩阵的 39 个特性参数，可以发现一些不太经常听到的概念，例如"运动物体""静止物体"等。

根据阿奇舒勒的定义，"在与问题相关的两个以上的部分之间，如果存在某种相对运动（也包括可能会存在相对运动的情况），它就是运动物体，否则就是静止物体。"此时，无论运动的方向或大小如何，只要有必要作为运动来考虑，那么即使只有几微米的移动，也要算作运动物体。

无法确定时要考虑两种可能

但是很多时候，我们难以判断对象物到底是运动物体还是静止物体。

这种情况下，有时是看作哪一种都可以，有时也可以通过同时考虑两种可能来解决。

矛盾定义不同于矛盾分析，是自己以主体的姿态来考虑眼前的问题，即决定"这次我要把它定义为哪种矛盾"。所以一般来说，即使把一般会被定义成"静止物体"的物体理解为"运动物体"，如果由此可以产生划时代的创意，那也没有任何问题。

如果要解决的烦恼只有一个

那么，如果像这样灵活地选择特性参数，有时就会出现改进的参数和变差的参数是同一个参数的情况。

这种情况下查找矛盾矩阵，可以发现对应的单元格是被涂黑的。这种特殊情况被称为"物理矛盾"，超出了本书涉及的范围，所以无法详细介绍，不过一般观点认为，可以根据空间、时间、条件对其进行分解，在这个基础上去考虑解决方案。

在进行分解时，根据发明原理引申出的新创意也会发挥重要作用。

39 种要解决的烦恼

下面以简要说明和关联词来介绍 39 个特性参数。运动物体和静止物体放在一起介绍。

1、2：[运动或静止] 物体的重量
物体的质量，或由重力产生的力。

分量、重量、荷重、质量、负荷、轻重、分子量

3、4：[运动或静止] 物体的长度

与物体相关的一维长度或角度。

宽度、深度、高度、长度、厚度、距离、间隔、间隙、公差、表面加工、角度、方向

5、6：[运动或静止] 物体的面积

与物体的表面或与表面积相关的任意二维尺寸（也包括内部面积）。

面积、地带、空地、区域、实际表面积、界面面积、接触面积、点接触、截面面积、多孔材料

7、8：[运动或静止] 物体的体积

物体所占的空间或与物体周围的空间相关的三维尺寸。

容积、体积、空间、空地、液体量、需要的可活动区域

9：速度

物体的速度，或任意种类的过程或动作的快慢。

速度、频率、紧急、疾驶、快慢、加速、迟缓、相对速度、转动速度、角速度、次／小时

10：力

所有使物体位置发生改变的力和相互作用力。

推、折弯、荷重、惯性、加速、（角）运动量、升力、摩擦、黏着、剪断、抓握、电压、磁力、静止力、冲击、振动

11：应力或压力

作用在单位面积上的力。

压缩、拉伸、张力、蠕变、压弯、歪斜、疲劳、热疲劳、化学性疲劳、弹性、塑性、刚性、真空、大气压、加压

12：形状

系统及构成要素的功能所需的内部或外部的形状或轮廓。

外形、图案、几何形状、曲率、直线形

13：物体结构的稳定性

系统内部各要素的构成关系或构成材料的稳定性。

熵（的增大）、惰性、变形、蠕变、歪斜、化学分解、离解、氧化、生锈、腐蚀、变质、均一性、一贯性、层压剥离

14：强度

物体抵抗外力作用的能力。

弹性极限、塑性极限、破坏强度、拉伸强度、耐疲劳性、蠕变强度、结合、弯曲、歪斜、刚性、韧性、硬度、脆度

15、16：[运动或静止] 物体的动作时间

物体或系统完成一个动作（作用）所需的时间。

持续时间、期间、振动频率、自然频率、响应时间、反应时间、时间间隔、寿命、延迟

17：温度

物体或系统能被测量或确认的热状态。关于热的各种参数。

热、热传导性、热容量、辐射、对流、放射、隔热、凝固点、熔点、沸点、加热、温热、冷却、过热

18：亮度或辉度

单位面积上的光束、光源的明亮程度（辉度）或物体被照射的明亮程度（亮度）。

透光、吸收、反射率、阴影、色调、光泽、表面加工、红外线或紫外线、能见度、视野

19、20：[运动或静止] 物体消耗的能量

物体工作时能量的实际用量。

做功量、（燃料）消耗、热量输入、加热、冷却、热量、发热量、电流、电量

21：功率

单位时间内所做的功。单位时间使用的能量。

功率（瓦特）、电流、脉冲（冲击）、最大输出、恒定输出、马力、作用强度

22：能量损耗

没有用于做功的能量。

能量消耗、能量的无效使用、摩擦、固定、能量散失、紊流、干扰、衰减

23：物质损耗

系统各要素或周边各要素的损失或浪费。

损坏、泄漏、磨损、浪费、滥用、废弃、研磨、密闭、吸收、装卸、凝集、堆积、沉淀

24：信息损耗

输入或输出到系统或五感的数据的损失或浪费。无法读取数据。

感觉异常、误解、数据间的干扰、（信息的）讹传、审阅、误用、信息用不上

25：时间损耗

时间的无效使用。

等待时间、因为冗长或不必要的活动导致的时间损失、白费力气、延时、重复劳动

26：物质的量

系统中的材料、物质、零部件、场或者下级系统等的数量或者数目。

物质量、材料量、零部件数量、个数、密度、颗粒数、所有非精神意义上的"物体"

27：可靠性

系统在可预测的方法及状态下实现规定功能的能力。

持续性、耐用性、寿命、生命周期、平均故障间隔、平均修理间隔、可维护性、故障率、耐久性

28：测量准确性

没有测量偏差或误差的程度。测量值与实际值之间的接近程度。

公差（容许度）、重现性、一贯性、标准偏差、平均值、中位数、众数

29：制造精度

系统或物体的实际性能与指定或要求的性能特性之间的一致程度。

公差、容许值、重现性、标准偏差、

品质保证、表面加工、平行度、垂直度、误差

30：影响物体的有害因素

系统受外部有害因素影响的敏感程度。包含与安全性相关的问题。

不利影响、黏着、固定、污染、杂音、天气（阳光）引起的伤害、紫外线、弯曲、吸入粉尘、发霉、撞击

31：物体产生的有害因素

物体或系统对外部因素产生的有害作用。

公害物质、CO_2、SO_x、NO_x、煤烟、有害物质、有害副产品、气味、噪声、副作用、污染、感染、磨损、擦伤、味道（苦味等）、触感、EMI（电磁干扰）、RFI（射频干扰）

32：可制造性

与物体或系统的制造及制作相关的课题。

便于制造或组装的设计、组合、机械设定时间、工具交换、检查的容易度

33：可操作性

用户学习系统或物体的操作方法、操作或控制系统或物体的难易程度。

便利程度、好用程度、学习所需的时间、易搬运性、可动性、可携带性

34：可维修性

维修系统故障或缺陷的便利性、简单性及所需时间等品质特性。

现场维修的可能性、维修工具、维护、可清洗性、可替换性、模块化程度

35：适应性或灵活度

系统或物体对外部变化的适应程度。

运用的灵活度、通用性、适应能力、接受度、变化、效仿、定制的可能性、刚性、容许度、公差、多用途、多目的

36：装置复杂性

系统内外的要素或要素相互关系的数量和多样性（要素中也包含用户）。

功能数、连接的数量、零部件数、元件、物体的复杂性、动作的复杂性

37：化验和测量的复杂性

化验、检查、测定、分析的难易程度。

所需时间、所需劳力、所需装置或试剂的成本、品质要求、可维修性、辨认度、可以找到适当的参数

38：自动化程度

在没有人进行操作或干预的情况下，系统或物体自动实现其功能的能力。

自动化水平和范围、不依赖熟练程度、重现性、品质保障

39：生产率

是指单位时间、单位操作、一定成本下所完成的有效输出功率（成果、附加价值、可实现功能、操作数等）。

需要时间（的倒数）、吞吐量、瓶颈

改进的参数 \ 变差的参数	1 运动物体的重量	2 静止物体的重量	3 运动物体的长度	4 静止物体的长度	5 运动物体的面积	6 静止物体的面积	7 运动物体的体积	8 静止物体的体积	9 速度	10 力	11 应力或压力	12 形状	13 物体结构的稳定性	14 强度	15 运动物体的动作时间	16 静止物体的动作时间	17 温度
1 运动物体的重量			15,8 29,34		29,17 38,34		29,2 40,28		2,8 16,38	8,10 18,37	10,36 37,40	10,14 35,40	1,35 19,39	28,27 18,40	5,34 31,35		6,29 4,38
2 静止物体的重量			10,1 29,35		35,30 13,2		5,35 14,2			8,10 19,35	13,29 10,18	13,10 29,14	26,39 1,40	28,2 10,27		2,27 19,6	28,19 32,22
3 运动物体的长度	8,15 29,34				15,17 4		7,17 4,35		13,4 8	17,10 4	1,8 35	1,8 10,29	1,8 15,34	8,35 29,34	19		10,15 19
4 静止物体的长度		35,28 40,29				17,7 10,40		35,8 2,14		28,10	1,14 35	13,14 15,7	39,37 35	15,14 28,26		1,10 35	3,35 38,18
5 运动物体的面积	2,17 29,4		14,16 18,4				7,14 17,4		29,30 4,34	19,30 35,2	10,15 36,28	5,34 29,4	11,2 13,39	3,15 40,14	6,3		2,15 16
6 静止物体的面积		30,2 14,18		26,7 9,39						1,18 35,36	10,15 36,37		2,38	40		2,10 19,30	35,39 38
7 运动物体的体积	2,26 29,40		1,7 4,35		1,7 4,17				29,4 38,34	15,35 36,37	6,35 36,37	1,16 29,4	28,10 1,39	9,14 16,7	6,35 4		34,39 10,18
8 静止物体的体积		35,10 19,14	19,14	35,8 2,14						2,18 37	24,35	7,2 35	34,28 35,40	9,14 17,15		35,34 38	35,6 4
9 速度	2,28 13,38		13,14 8		29,30 34		7,29 34			13,28 15,19	6,18 38,40	35,15 18,34	28,33 1,18	8,3 26,14	3,19 35,5		28,30 36,2
10 力	8,1 37,18	18,13 1,28	17,19 9,36	28,10	19,10 15	1,18 36,37	15,9 12,37	2,36 18,37	13,28 15,12		18,21 11	10,35 40,34	35,10 21	35,10 14,27	19,2		35,10 21
11 应力或压力	10,36 37,40	13,29 10,18	35,10 36	35,1 14,16	10,15 36,28	10,15 35,37	6,35 10	35,24	6,35 36	36,35 21		35,4 15,10	35,33 2,40	9,18 3,40	19,3 27		35,39 19,2
12 形状	8,10 29,40	15,10 26,3	29,34 5,4	13,14 10,7	5,34 4,10		14,4 15,22	7,2 35	35,15 34,18	35,10 37,40	34,15 10,14		33,1 18,4	30,14 10,40	14,26 9,25		22,14 19,32
13 物体结构的稳定性	21,35 2,39	26,39 1,40	13,15 1,28	37	2,11 13	39	28,10 19,39	34,28 35,40	33,15 28,18	10,35 21,16	2,35 40	22,1 18,4		17,9 15	13,27 10,35	39,3 35,23	35,1 32
14 强度	1,8 40,15	40,26 27,1	1,15 8,35	15,14 28,26	3,34 40,29	9,40 28	10,15 14,7	9,14 17,15	8,13 26,14	10,18 3,14	10,3 18,40	10,30 35,40	13,17 35		27,3 26		30,10 40
15 运动物体的动作时间	19,5 34,31		219 9		3,17 19		10,2 19,30		3,35 5	19,2 16	19,3 27	14,26 28,25	13,3 35	27,3 10			19,35 39
16 静止物体的动作时间		6,27 19,16		1,40 35				35,34 38				39,35 3,23					19,18 36,40
17 温度	36,22 6,38	22,35 32	15,19 9	15,19 9	3,35 39,18	35,38	34,39 40,18	35,6 4	2,28 36,30	35,10 36,30	35,39 19,2	14,22 19,32	1,36 32	10,30 22,40	19,13 39	19,18 36,40	
18 亮度或辉度	19,1 32	2,35 32	19,32 16		19,32 26		2,13 10		13 19,10	26,19 6		32,30	32,3 27	35,19	2,19 5		32,35 19
19 运动物体消耗的能量	12,18 28,31		12,28		15,19 25		35,13 18		8 35	16,26 21,2	23,14 25	12,2 29	19,13 17,24	6,19 9,35	28,35 6,18		19,24 3,14
20 静止物体消耗的能量		19,9 6,27								36,37			27,4 29,18	35			

	18	19	20	21	22	23	24	25	26	27	28	29	30	31	32	33	34	35	36	37	38	39
	亮度或辉度	运动物体消耗的能量	静止物体消耗的能量	功率	能量损耗	物质损耗	信息损耗	时间损耗	物质的量	可靠性	测量准确性	制造精度	影响物体的有害因素	物体产生的有害因素	可制造性	可操作性	可维修性	适应性或灵活度	装置复杂性	化验和测量的复杂性	自动化程度	生产率
	19,1 32	35,12 34,31		12,36 18,31	6,2 34,19	5,35 3,31	10,24 35	10,35 20,28	3,28 18,31	1,3 11,27	28,27 35,26	28,35 26,18	22,21 18,27	22,35 31,39	27,28 1,36	35,3 2,24	2,27 28,11	29,5 15,18	26,30 36,34	28,29 26,32	28,35 18,19	35,3 24,37
	19,32 35		18,19 28,1	15,19 18,22	18,19 28,15	5,8 13,30	10,15 35	10,20 35,26	19,6 18,26	10,28 8,3	18,26 28	10,1 35,17	2,19 22,37	35,22 1,39	28,1 9	6,13 1,32	2,27 28,11	19,15 29	1,10 26,39	25,28 17,15	2,26 35	1,28 15,35
	32	8,35 24		1,35	7,2 35,39	4,29 23,10	1,24	15,2 29	29,35	10,14 29,40	28,32 4	10,28 29,37	1,15 17,24	17,15	1,29 17	15,29 35,4	1,28 10	14,15 1,16	1,19 26,24	35,1 26,24	17,24 26,16	14,4 28,29
	3,25			12,8	6,28	10,28 24,35	24,26	30,29 14		16,29 28	32,28 3	2,32 10	1,18		15,17 27	2,25	3	1,35	1,26	26		30,14 7,28
	15,32 19,13	19,32		19,10 32,18	15,17 30,26	10,35 2,39	30,26	26,4	29,30 6,13	29,9	26,28 32,3	2,32	22,23 28,1	17,2 18,39	13,1 26,24	15,17 13,16	15,13 10,1	15,30	14,1 13	2,36 26,18	14,30 28,23	10,26 34,2
				17,32	17,7 30	10,14 18,39	30,16	10,35 4,18	2,18 40,4	32,35 40,4	26,28 32,3	2,29 18,36	27,2 39,35	22,1 40	40,16	16,4	16	15,16	1,18 36	2,35 30,18	23	10,15 17,7
	2,13 10	35		35,6 13,18	7,15 13,16	36,39 34,10	2,22	2,6 34,10	29,30 7	14,1 40,11	26 28	25,28 2,16	22,21 27,35	17,2 40,1	29,1 40	15,13 30,12	10	15,29	26,1	29,26 4	35,34 16,24	10,6 2,34
				30,6		10,39 35,34		35,16 32,18	35,3	2,35 16		35,10 25	34,39 19,27	30,18 35,4	35		1		1,31	2,17 25		35,37 10,2
	10,13 19	8,15 36,38		19,35 38,2	14,20 19,35	10,13 28,38	13,26		10,19 29,38	11,35 27,28	28,32 1,24	10,28 32,25	1,28 35,23	2,24 35,23	35,13 8,1	32,28 13,12	34,2 28,27	15,10 26	10,28 4,34	3,34 27,16	10,18	
		19,17 10	1,16 36,37	19,35 18,37	14,16	8,35 40,5		10,37 36	14,29 18,36	3,35 13,21	35,10 23,24	28,29 37,36	1,35 40,18	13,3 36,24	15,37 18,1	1,28 3,25	15,1 11	15,17 18,20	26,35 10,18	36,37 10,19	2,35	3,28 35,37
		14,24 10,37		10,35 14	2,36 25	10,35 3,37		37,36 4	10,14 36	10,13 19,35	6,28 25	3,35	22,2 37	2,33 27,18	1,35 16	11	2	35	19,1 35	2,36 37	35,24	10,14 35,37
	13,15 32	2,6 34,14		4,6 2	14	35,29 3,5		14,10 34,17	36,22	10,40 16	28,32 1	32,30 40	22,1 2,35	35,1	17,32 1,28	32,15 26	2,13 1	1,15 29	16,29 1,28	15,13 39	15,1 32	17,26 34,10
	32,3 27,15	13,19	27,4 29,18	32,35 27,31	14,2 39,6	2,14 30,40		35,27	15,32 35		13	18	35,24 30,18	35,40 27,39	35,19	32,35 30	2,35 10,16	35,30 34,2	2,35 22,26	35,22 39,23	1,8 35	23,35 40,3
	35,19	19,35 10	35	10,26 35,28	35	35,28 31,40		29,3 28,10	29,10 27	11,3	3,27 16	3,27	18,35 37,1	15,35 22,2	11,3 10,32	32,40 28,2	27,11 3	15,3 32	2,13 16,18	27,3 15,40	15	29,35 10,14
	2,19 4,35	28,6 35,18		19,10 35,38		28,27 3,18	10	20,10 28,18	3,35 10,40	11,2 13	3	3,27 16,40	22,15 33,28	21,39 16,22	27,1 4	12,27	29,10 27	1,35 13	10,4 29,15	19,29 39,35	6,10	35,17 14,19
				16		27,16 18,38	10	28,20 10,16	3,35 31	34,27 6,40	10,26 24		17,1 40,33	22	35,10	1	1	2		25,34 6,35	1	10,20 16,38
	32,30 21,16	19,15 3,17		2,14 17,25	21,17 35,38	21,36 29,31		35,28 21,18	3,17 30,39	19,35 3,10	32,19 24	24	22,33 35,2	22,35 2,24	26,27	26,27	4,10 16	2,18 27	2,17 16	3,27 35,31	26,2 19,15	15,28 35
		32,1 19	32,35 1,15	32	13,16 1,6	13,1	1,6	19,1 26,17	1,19		11,15 32	3,32	15,19	35,19 32,39	19,35 28,26	28,26 19	15,17 13,16	15,1 19	6,32 13	32,15	2,26 10	2,25 16
	2,15 19			6,19 37,18	12,22 15,24	35,24 18,5		35,38 19,18	34,23 16,18	19,21 11,27	3,1 32		1,35 6,27	2,35 6	28,26 30	19,35	1,15 17,28	15,17 13,16	2,29 27,28	35,38	32,2	12,28 35
	19.2 35,32					28,17 18,31			3,35 31	10,36 23			10,2 22,37	19,22 18	1,4					19,35 16,25		1,6

改进的参数 \ 变差的参数	1 运动物体的重量	2 静止物体的重量	3 运动物体的长度	4 静止物体的长度	5 运动物体的面积	6 静止物体的面积	7 运动物体的体积	8 静止物体的体积	9 速度	10 力	11 应力或压力	12 形状	13 物体结构的稳定性	14 强度	15 运动物体的动作时间	16 静止物体的动作时间	17 温度
21 功率	18,36 38,31	19,26 17,27	1,10 35,37		19,38	17,32 13,38	35,6 38	30,6 25	15,35 2	26,2 36,35	22,10 35	29,14 2,40	36,32 15,31	26,10 28	19,36 10,38	16	2,14 17,25
22 能量损耗	15,6 23,40	19,6 18,9	7,2 6,13	6,38 7	15,26 17,30	17,7 30,18	7,18 23	7	16,35 38	36,38			14,2 39,6	26			19,38 7
23 物质损耗	35,6 23,40	35,6 22,32	14,29 10,39	10,28 24	35,2 10,31	10,18 39,31	1,29 30,36	3,39 18,31	10,13 28,38	14,15 16,40	3,36 37,10	29,35 3,5	2,14 30,40	35,28 31,40	28,27 3,18	27,16 18,38	21,36 39,31
24 信息损耗	10,24 35	10,35 5	1,26	26	30,26	30,16		2,22	26,32						10	10	
25 时间损耗	10,20 37,35	10,25 26,5	15,2 29	30,24 14,5	26,4 5,16	10,35 17,4	2,5 34,10	35,16 32,18		10,37 36,5	37,36 4	4,10 34,17	35,3 22,5	29,3 28,18	20,10 28,18	28,20 10,16	35,29 21,18
26 物质的量	35,6 18,31	27,26 18,35	29,14 35,18		15,14 29	2,18 40,4	15,20 29		35,29 34,28	35,14 3	10,36 14,3	35,14	15,2 17,40	14,35 34,10	3,35 10,40	3,36 31	3,17 39
27 可靠性	3,8 10,40	3,10 8,28	15,9 14,4	15,29 28,11	17,10 14,16	32,35 40,4	3,10 14,24	2,35 24	21,35 11,28	8,28 10,3	10,24 35,19	35,1 16,11		11,28	2,35 3,25	34,27 5,40	3,35 10
28 测量准确性	32,35 26,28	28,35 25,26	28,26 5,16	32,28 3,16	26,28 32,3	26,28 32,3	32,13 6		28,13 32,24	32,2	6,28 32	6,28 32	32,35 13	28,6 32	28,6 32	10,26 24	6,19 28,24
29 制造精度	28,32 13,18	28,35 27,9	10,28 29,37	2,32 10	28,33 29,32	2,29 18,36	32,28 2	25,10 35	10,28 32	28,19 34,35	3,35	32,30 40	30,18	3,27	3,27 40		19,26
30 影响物体的有害因素	22,21 27,39	2,22 13,24	17,1 39,4	1,18	22,1 33,28	27,2 39,35	22,23 37,35	34,39 19,27	21,22 35,28	13,35 39,18	22,2 37	22,1 3,35	35,24 30,18	18,35 37,1	22,15 33,28	17,1 40,33	22,33 35,2
31 物体产生的有害因素	19,22 15,39	35,22 1,39	17,15 16,22		17,2 18,39	22,1 40	17,2 40	30,18 35,4	35,28 3,23	35,28 1,40	2,33 27,18	35,1	35,40 27,39	15,35 22,2	15,22 33,31	21,39 16,22	22,35 2,24
32 可制造性	28,29 15,16	1,27 36,13	1,29 13,17	15,17 27	13,1 26,12	16,40	13,29 1,40	35	35,13 8,1	35,12	35,19 1,37	1,28 13,27	1,11 13	1,3 10,32	27,1 4	35,16	27,26 18
33 可操作性	25,2 13,15	6,13 1,25	1,17 13,12		1,17 13,16	18,16 15,39	1,16 35,15	4,18 39,31	18,13 34	28,13 35	2,32 12	15,34 29,28	32,35 30	32,40 3,28	29,3 8,25	1,16 25	26,27 13
34 可维修性	2,27 35,11	2,27 35,11	1,28 10,25	3,18 31	15,13 32	16,25	25,2 35,11	1	34,9	1,11 10	13	1,13 2,4	2,35	11,1 2,9	11,29 28,27	1	4.1
35 适应性或灵活度	1,6 15,8	19,15 29,16	35,1 29,2	1,35 16	35,30 29,7	15,16	15,35 29		35,10 14	15,17 20	35,16	15,37 1,8	35,30 14	35,3 32,6	13,1 35	2,16	27,2 3,35
36 装置复杂性	25,30 34,36	2,26 35,39	1,19 28,24	26	14,1 13,16	6,36	34,26 6	1,16	34,10 28	26,16	19,1 35	29,13 28,15	2,22 17,19	2,13 28	10,4 28,15		2,17 13
37 化验和测量的复杂性	27,26 28,13	6,13 28,1	16,17 26,24	26	2,13 18,17	2,39 30,16	29,1 4,16	2,18 26,31	3,4 16,35	30,28 40,19	35,36 37,32	27,13 1,39	11,22 39,30	27,3 15,28	19,29 39,25	25,34 6,35	3,27 35,16
38 自动化程度	28,26 18,35	28,26 35,10	14,13 17,28	23	17,14 13		35,13 16		28,10	2,35	13,35	15,32 1,13	18,1	25,13	6,9		26,2 19
39 生产率	35,26 24,37	28,27 15,3	18,4 28,38	30,7 14,26	10,26 34,31	10,35 17,7	2,6 34,10	35,37 10,2		28,15 10,36	10,37 14	14,10 34,40	35,3 22,39	29,28 10,18	35,10 2,18	20,10 16,38	36,21 28,10

18	19	20	21	22	23	24	25	26	27	28	29	30	31	32	33	34	35	36	37	38	39
亮度或辉度	运动物体消耗的能量	静止物体消耗的能量	功率	能量损耗	物质损耗	信息损耗	时间损耗	物质的量	可靠性	测量准确性	制造精度	影响物体的有害因素	物体产生的有害因素	可制造性	可操作性	可维修性	适应性或灵活度	装置复杂性	化验和测量的复杂性	自动化程度	生产率
16,6 19	16,6 19,37			10,35 38	28,27 18,38	10,19	35,20 10,5	4,34 19	19,24 26,31	32,15 2	32,2	19,22 31,2	2,35 18	26,10 34	26,35 34	35,2 10,34	19,17 34	20,19 30,34	19,35 16	28,2 17	28,35 34
1,13 35,15			3,38		35,27 2,37	19,10	10,18 32,7	7,18 25	11,10 35	32		21,22 35,2	21,35 2,22		35,22 1	2,19		7,23	35,3 15,23	2	28,10 29,35
1,6 13	35,18 24,5	28,27 12,31	28,27 18,38	35,27 2,31		15,18 35,10	5,3 10,24	16,34 31,28	35,10 24,31			33,22 30,40	10,1 34,29	15,34 33	32,28 2,24	2,35 34,27	15,10 2	35,10 28,24	35,18 10,13	35,10 18	28,35 10,23
19			10,19	19,10			24,26 28,32	24,28 35	10,28 23			22,10 1	10,21 22	32	27,22				35,33	35	13,23 15
1,19 26,17	35,38 19,18	1	35,20 10,6	10,5 18,32	35,18 10,39	24,26 28,32		35,38 18,16	10,30 4	24,34 28,32	24,26 28,18	35,18 34	35,22 18,39	35,28 34,4	4,28 10,34	32,1 10	35,28	6,29	18,28 32,10		24,28 35,30
	34,29 16,18	3,35 31	35	7,18 25	6,3 10,24	24,28 35	35,38 18,16		18,3 28,40	13,2 28	33,30	35,33 29,31	3,35 40,39	29,1 35,27	1,32 10,25	2,32 10,25	15,3 29	3,13 27,10	3,27 29,18	8,35	13,29 3,27
11,32 13	21,11 27,19	36,23	21,11 26,31	10,11 35	10,35 29,39	10,28	10,30 4	21,28 40,3		32,3 11,23	11,32 1	27,35 2,40	35,2 40,26	27,17 40	1,11	13,35 8,24	13,35 1	27,40 28	11,13 27		1,35 29,38
6,1 32	3,6 32		3,6 32	26,32 27	10,16 31,28		24,34 28,32	2,6 32	5,11 1,23			28,24 22,26	3,33 39,10	6,35 25,18	1,13 17,34	1,32 13,11	13,35 2	27,35 10,34	26,24 32,28	28,2 10,34	10,34 28,32
3,32	32,2		32,2	13,32 2	35,31 10,24		32,26 28,18	32,30	11,32 1			26,28 10,36	4,17 34,26		1,32 35,23	25,10		26,2 18		26,28 18,23	10,18 32,39
1,10 32,13	1,24 6,27	10,2 22,37	19,22 31,2	21,22 35,2	33,22 19,40	22,10 2	35,18 34	35,33 29,31	27,24 2,40	28,33 23,26	26,28 10,18			24,35 2	2,25 28,39	35,10 2	35,11 22,31	22,19 29,40	22,19 29,40	33,3 34	22,35 13,24
19,24 39,32	2,35 6	19,22 18	2,35 18	21,35 2,22	10,1 34	10,21 29	1,22	3,24 39,1	24,2 40,39	3,33 26	4,17 34,26				2,6 13,16	35,1 11,9	2,13 15	19,1 31	2,21 27,1		22,35 18,39
28,24 27,1	28,26 27,1	1,4	27,1 12,24	19,35	15,34 33	32,24 18,16	35,28 34,4	35,23 1,24		1,35 12,18		24,2			2,5 12	35,1 11,9	2,13 15	27,26 1	6,28 11,1	8,28 11,1	35,10 28,1
13,17 1,24	1,13 24		2,19 13	28,32 2,10	4,10 27,22		4,28 10,34	12,35	17,27 8,40	25,13 2,34	1,32 35,23	2,25 12		2,5 12		12,26	15,34 1,16	32,26 12,17		1,34 12,3	1,28
15,1 13	15,1 28,16		15,10 32,2	15,1 32,19	2,35 34,37		32,1 10,25	2,28 10,25	11,10 1,16	10,2 13	25,10	35,10 2,16	1,35 11,10	1,12 26,15	7,1 4,16		1,16 7,4	15,34 1,16	35,1 13,11	34,35 7,13	1,32 10,25
6,22 26,1	19,35 29,13		19,1 29	18,15 1	15,10 2,13		35,28	3,35 15	35,13 8,24	35,5 1,10		35,11 32,31		1,13 31	1,35 13,11	1,16 7,4		15,29 37,28	1	27,34 35	35,28 6,37
24,17 13	27,2 29,28		20,19 30,34	10,35 13,2	35,10 28,29		6,29	13,3 27,10	13,35 1	2,26 10,34	26,24 32	22,19 29,40	19,1	27,26 1	27,9 26,24	1,13	29,15 28,37		15,10 37,28	15,1 24	12,17 26
2,24 26	35,38	19,35 16	19,1 16,10	35,3 15,19	1,18 10,24	35,33 27,22	18,28 32,9	3,27 29,18	27,40 28,8	26,24 32,28	22,19 29,28	2,21	5,28 11,29	2,5	12,26	1,15	15,10 37,28			34,21	35,18
8,32 19	2,32 13		28,2 27	23,28	35,10 18,5	35,33	35,13	13,3 27,10	11,27 32	28,26 10,34	28,26 18,23	2,33	2		1,26 13	1,12 34,3	1,35 13	27,4 1,35	15,24 10		5,12 35,26
26,17 19,1	35,10 38,19	1	35,20 10	28,10 29,35	28,10 35,23	13,15 23		35,38	1,35 10,38	1,10 34,28	18,10 32,1	22,35 13,24	35,22 18,39	35,28 2,24	1,28 7,10	1,32 10,25	1,35 28,37	12,17 28,24	35,18 27,2	5,12 35,26	

第 2 部分

---

40 个发明原理

解决问题的流程图

现在我们将前面的内容归纳成解决问题的流程图。

① 首先具体描述要解决的问题。

这一步不仅要写出遇到的困难，还要考虑到改进问题后会变差的特性，即"希望改进＿＿＿，但这样做会导致＿＿＿变差"，这样更便于前进到下一步。

② 从"改进的项目"和"变差的项目"中提取出一组矛盾。

③ 找到与矛盾相对应的特性参数。

④ 在矛盾矩阵中找出改进的特性参数和变差的特性参数，记下位于交叉点处的发明原理序号。如果不知道应该选择哪个特性参数，可以把能想到的特性参数都检查一遍。

⑤ 以发明原理为线索，考虑解决问题的方法。

无法顺利找到解决方法时，可以重新考虑第 ① 步，或者在第 ② 步选择其他矛盾，或者重复第 ③ 步以后的步骤。

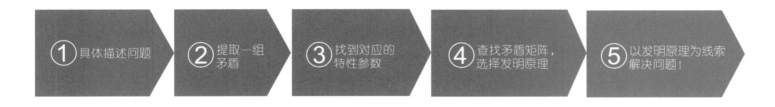

① 具体描述问题　② 提取一组矛盾　③ 找到对应的特性参数　④ 查找矛盾矩阵，选择发明原理　⑤ 以发明原理为线索解决问题！

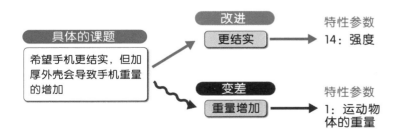

具体的课题：希望手机更结实，但加厚外壳会导致手机重量的增加

改进：更结实 → 特性参数 14：强度

变差：重量增加 → 特性参数 1：运动物体的重量

改进的参数 ＼ 变差的参数	1 运动物体的重量
1　运动物体的重量	
2　静止物体的重量	
…	…
14　强度	1,8,40,15

发明原理

1. 分割原理
8. 配重原理
40. 复合材料原理
15. 动态化原理

掌握发明原理

看到这里，相信读者们已经感受到了用 TRIZ 解决问题的威力和有效性。

不过，即使知道了发明原理，如果处于还需要根据矛盾矩阵中的数字一一查找其所对应的原理是什么的状态，恐怕还不太容易把发明原理用来解决眼前的某个问题或实现某种发明。

实际上，应该一看到序号马上就能想到"对啊，应该这样做"才行。而且 TRIZ 也和其他所有知识一样，需要把 40 个发明原理全部铭记于心，变成自己的知识，才能应用自如。

也就是说，只有将 40 个发明原理烂熟于心，才能发挥出其真正的威力。

能做到这一点，慢慢就会以惊人的速度产生创意。在日复一日解决问题的过程中，即使不查找矛盾矩阵，也会自然而然地想到，这种情况应该用"**#7 嵌套原理**"来考虑，而那种情况应该用"**#1 分割原理**"来考虑等。

也就是说，到这时，我们就变成了拥有 40 种引申创意的人。

所以我总是信心十足地告诉人们，"就当是记住 40 个英语单词，把 TRIZ 的 40 个发明原理全都背下来吧！"

但是要记住全部 40 个原理，其实并不那么容易。

而且，要做到查看矛盾矩阵时马上就能想起相应的内容，还必须把发明原理与序号一同记住。

这样的要求对机械背诵能力较强的小学生来说还可以，一般的大人恐怕就只能放弃了。

那么，有没有一种划时代的记忆方法，能让大家都轻松地记住所有的发明原理呢？

经过多次摸索和尝试，我想到了本书所采用的分类方法，以及接下来即将登场的神奇的数字符号。

发明原理的符号化

随便翻翻这本书，可以看到数字被设计成了与平时不太一样的形式。

例如：

是 1 和一个圆组合在一起。

这个像是 13，不过是反过来的。

这些是我为了记住 40 个发明原理而设计的符号，我把它们称为发明原理符号。

TRIZ 的 40 个发明原理对应着从 1 到 40 的序号。例如 1 是"分割原理"，13 是"逆向思维原理"。

这些符号可以体现出每个序号所对应的原理。1 把圆分割为 3 个部分，所以就是"分割原理"；13 是反过来的，所以就是"逆向思维原理"。

后文讲解相应的原理时还会做详细介绍，这里先简单介绍一下这些符号的强大威力。

根据这些符号来记忆 TRIZ 的 40 个发明原理，不仅能把原理的名称和序号一一对应地背下来，还能自然而然地联想到使用了这一原理的实例，也就是能想象出该原理可以产生怎样的效果。

也就是说，发明原理符号可以帮助读者在记住发明原理的同时，自然地联想到其使用方法。

这样一来，发明原理便不再停留在

书本上，而是变成了与现实融合在一起的、便于人们掌握的知识。

学习新东西时，"是否联想到最后能够产生的效果"，会产生很大不同，决定了学习者能否将看到的内容保留在头脑里。

首先，我们看到身边常见的物体，可以试着考虑："这里包含了哪些想法？使用了哪个发明原理？"

将发明原理套用到平时看到或用到的东西上，很快就能把发明原理和序号一起记住，而且还能进行创意的练习。

这样一来，身边随处可见的创意也会更容易在我们的头脑里留下印象，帮助我们以后解决问题。

发明原理的顺序和分组

接下来，第2部分将会把40个发明原理按大致顺序分为9组进行介绍。

例如，第1组的"#1分割原理""#2分离原理""#3局部质量原理""#4非对称原理"都具有"拆分"的共同点。

发明原理是有顺序的，它们按照1～40的顺序逐渐从抽象过渡到具体。因此可以自然地按照序号顺序将发明原理分为每4个一组（也有个别组包含6个发明原理），如拆分：#1～#4；组合：#5～#8；预先：#9～#12等。

这是因为我发现，把发明原理按大致顺序分成9组，4个或6个发明原理的共同点对每一组进行总括和命名，在学习发明原理时就可以形成脉络，更便于我们理解和掌握。

然后再进一步划分为3个大的系列，把前12个原理归纳为"构思系列"，接下来的16个原理归纳为"技巧系列"，最后12个原理归纳为"物质系列"。

大致来说，"构思系列"的发明原理不受特定事物的束缚，可以进行广泛的应用。"技巧系列"的发明原理则能够普遍适用于考虑具体物体的系统。最后，"物质系列"的发明原理最具体，单个原理的适用范围比较窄，但都可以取得立竿见影的效果。

此外，不同的发明原理所涵盖的范围有时也会有所重合，所以读者可以先从每组原理中选出一个自己喜欢的原理来记住，这样更有助于尽快记住所有的发明原理。

发明原理的重合

我在讲解发明原理时，经常会被问到不同的发明原理之间的差异。例如经常有人问，××的做法是"#1分割原理"还是"#2分离原理"？

对于这样的疑问，很多时候我都会回答"两个都适用"。这是因为40个发明原理之间并没有严格的界限，而是互相有所重合的。

● 符合 MECE 原则的状态

1:分割	2:抽取
3:局部质量	4:非对称

● 发明原理不符合 MECE 原则

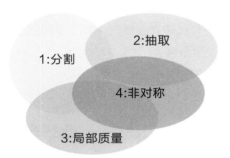

一般来说，3C 分析、SWOT 分析等框架分析符合 MECE 原则，即相互独立、完全穷尽，因此被认为效率比较高。但发明原理并不是这样的。

那么是不是对 40 个发明原理进行重新规定，使之符合 MECE 原则会更好呢？

答案是"No"。其原因之一是，"分析性的问题解决方法"与"创造性的问题解决方法"所要实现的目的不同。

分析性方法的目的是探讨"在可能的选项当中，最好的方法是哪个"。因此其优先事项是"没有遗漏，完全穷尽"地进行确认，而不是要求"创造出解决问题的新方法"。

在一些极端的情况下，根据 MECE 原则"没有遗漏，完全穷尽"地进行确认之后，即使其结果是"无法解决问题"，实际上也可以说是完成了"分析的工作"。而且只有根据 MECE 原则，才能确保完成了所有的分析。

而 TRIZ 等创造性方法的目的与"没有遗漏，完全穷尽"地进行确认相比，更注重"创造出卓越的解决方法"。

要创造出"卓越的解决方法"，与创意的质相比，量才是更重要的。因为真正的划时代的解决方法就像哥伦布竖鸡蛋一样，大部分都是超出事先预想的范围的。

与符合 MECE 原则相比，发明原理互相之间有所重合，才能涵盖更大的范围，从而产生更多的创意。

此外，一下子记住 40 个发明原理比较困难，而如果能先记住涵盖了很大范围的 9 个代表性原理，就可以用来解释身边的各种创意。每一组的代表性原理，在 184 页的"发明原理符号九屏图"中有介绍。

怎样使用发明原理的介绍页面

本书从下一页开始依次使用左右对开的两页篇幅介绍每一个发明原理。

左侧页面上 ① 的部分是"发明原理符号""发明原理名称""发明原理的英文名称"。左下方的 ② 介绍了发明原理符号的由来和符号的书写笔顺。为了便于书写，我尽量把符号设计为 3 个笔画以内，请您一定试着写写看。接下来的 ③ 和 ④ 是发明原理的概要、说明和举例。

右侧页面中 ⑤ 的部分列举了发明原理的 6 个具体实例，并附有插图。⑥ 的位置还列出了与之相关的其他发明原理的符号。因此这一页也可以作为辅助创意的实例集来使用。

位于页面下方的 ⑦ 介绍了该原理与其他发明原理的关系等内容。⑧ 注明了利用这一发明原理时可以联想到的词语和具体实例。具体实例的最后标有"、"，这是希望大家把自己找到的具体实例也补充到这里，将本书做成自己专用的实例集。

在每组的全部发明原理之后，还配有"发明原理观察"和"练习"部分，帮助我们从身边发现本组介绍的发明原理。

希望读者能够多动脑、多动手，掌握发明原理。

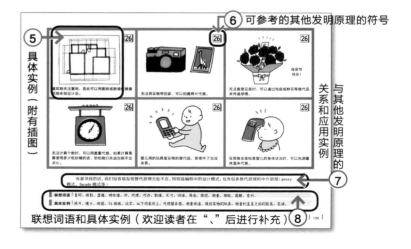

构思系列

~不受特定事物的束缚、可以广泛应用的发明原理~

构思系列
第 1 组
拆分

需要整理复杂的情况，或者希望打破顾此失彼的矛盾状态时，最有效的做法是将问题分开考虑。

构思系列的发明原理都不太容易受到具体"事物"的束缚，其中的第一组是"拆分"，可以说是通用性最高的一组发明原理。

"拆分"组包括 4 个原理，按照"#1 ~ #4"的顺序，依次适用于从"容易拆分"的物体到"不易拆分"的物体。

"#1 分割原理"通过把已经按男女、年龄等划分的事物进行再进一步的细分，从而将复杂的事态简单化，来解决矛盾。

"#2 分离原理"也叫作抽取原理，从多个物体或者混合物中分离或抽取出特定的集团或物质。

并不是所有的"事物"都能画出清晰的边界线，区分得清清楚楚。对于想拆分却无法拆分的情况，有时可以通过侧重对象中的一部分的做法来解决。这就是"#3 局部质量原理"。

另外，如果对象是固体，难以侧重其中的一部分的特性或浓度时，可以使其形态或数量有所偏重。这种将对象分成大的部分和小的部分的方法就是"#4 非对称原理"。

了解了上述 4 个发明原理中的"拆分"，我们可以更容易体会到身边的事物中所包含的创意。这样有助于我们创造出比简单的"拆分"更高层次的方法。

虽然发明原理之间的关系并不符合

MECE（相互独立，完全穷尽）原则，但为了便于读者理解，我设置了"抽象的或具体的""形状的变化或分布的变化"两条坐标轴，来表示这 4 个原理之间的区别。

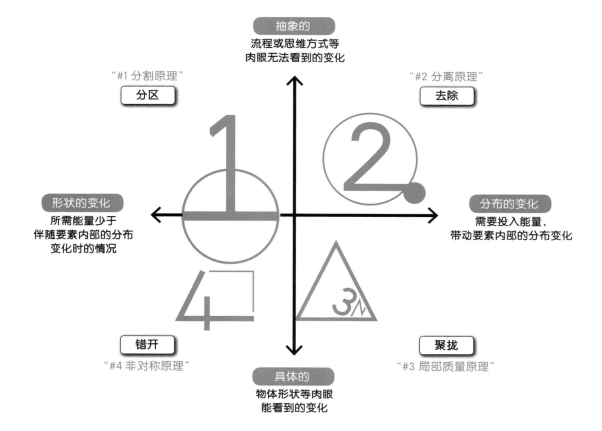

抽象的
流程或思维方式等
肉眼无法看到的变化

"#1 分割原理"
分区

"#2 分离原理"
去除

形状的变化
所需能量少于
伴随要素内部的分布
变化时的情况

分布的变化
需要投入能量，
带动要素内部的分布变化

错开
"#4 非对称原理"

聚拢
"#3 局部质量原理"

具体的
物体形状等肉眼
能看到的变化

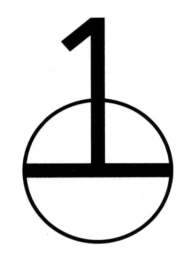

符号表示 1 把○分割成不同部分。

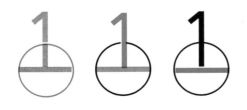

"分而治之（Devide et inpera）"，这句格言从古罗马时代一直流传至今。"#1 分割原理"，顾名思义就是通过分割来解决问题的原理。这个原理适用于很多场合，作为发明原理的第 1 号非常恰当。

空间、时间、错综复杂的问题等，所有事物都可以成为分割的对象。

例如空间的分割，包括采用挡板分割桌子的内部、工具箱、便当盒，或者把房子分成客厅、卧室、浴室等使用，还有地球上不同国家的版图分割。考虑一下"如果完全不分割，会怎样呢"，就能体会到"#1 分割原理"的效果。

还有用时间来分割有限的资源的方法。例如预约使用会议室或文化馆，温泉旅馆分时间段让男女分别使用浴场（包场使用露天温泉浴场），计算机的 CPU 处理等，这些都是用以时间分割资源的方法来解决问题的。

继续深入挖掘"#1 分割原理"，还会产生"增强分割程度""使其易于分割"等做法（副原理）。

例如"按性别分"还可以更进一步，"按性别、年龄段"更细致地划分顾客群体；分期付款可以从 12 期增加到 36 期——这些做法就是"增强分割的程度"。

板状巧克力或者咖喱调料上压有凹槽，电车被分成一个一个的车厢，可以随时将配置车厢的数量由 10 个改为 6 个，这也与"使其易于分割"的副原理有关。

遇到棘手问题时，可以首先尝试对情况或者对之前的方法进行分割。

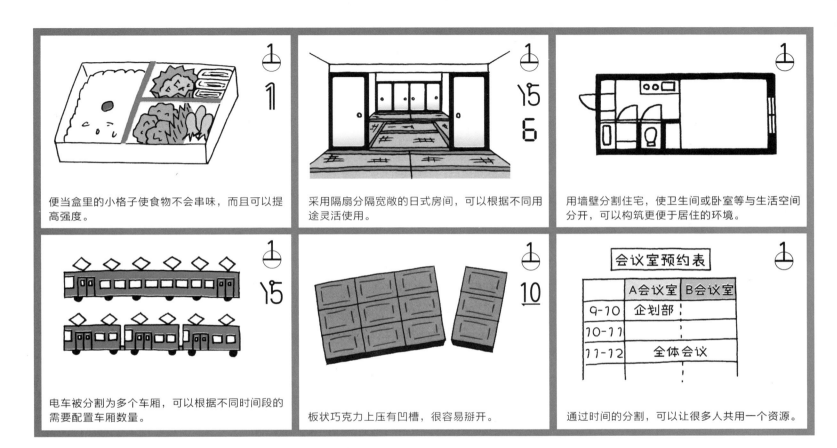

便当盒里的小格子使食物不会串味，而且可以提高强度。

采用隔扇分隔宽敞的日式房间，可以根据不同用途灵活使用。

用墙壁分割住宅，使卫生间或卧室等与生活空间分开，可以构筑更便于居住的环境。

电车被分割为多个车厢，可以根据不同时间段的需要配置车厢数量。

板状巧克力上压有凹槽，很容易掰开。

通过时间的分割，可以让很多人共用一个资源。

通过"在考虑组合的基础上分割成多个部分"，可以提高适应性和灵活度。另外，为了便于分割压出凹槽，也可以让操作变得更容易。

联想词语 分、分类、分场合、细分、分要素、分隔、时间分割、制定日程、零部件、水平分工、磨成粉末、纳米、

具体实例 分格便当盒、板状巧克力、咖喱调料块、咖喱粉、电车车厢配置、使用会议室的时间段、男女不同时间使用温泉、CPU处理、纳米粒子、

"#1 分割原理"用于分开比较容易拆分的事物，而"#2 分离原理"则是更强调有意识地、花费能量去分离、消除或提取。也叫抽取原理。

该符号表示，写出 2 的同时，将○中的沉淀物收集起来，提取到○的外边。

"#2 分离原理" 是花费能量或时间，把原本在一起的事物有意识地分成两个以上。

炖煮食物时撇去浮沫，只使用鸡蛋的蛋黄部分，用海带吊高汤等，烹调当中随处可以看到这一原理。

像这样只抽取出有益的物质，去除有害、无益物质的流程，也一直存在于工厂中。而且，工厂等专业场所，为了保证安全会采取禁止无关人员入内的形式，把空间与普通人分离开来，从而消除风险。

设有人车分离式信号灯 [①] 的十字路

口，通过分离行人和车辆通过的时间以确保安全。

无形领域的例子，包括限定对象进行促销等。按照"住在东京、60 岁以上、曾去过海外旅行的人"为条件进行分离，可以得到比单纯的分类 **"#1 分割原理"** 纯度更高的集合，从而能够更精准地针对不同的对象考虑应对方法。通过入学考试进行选拔也是一种抽取。

遇到矛盾时，可以考虑用空间分离、用时间分离、用条件抽取 3 种方法，更容易确立解决问题的步骤。

---

① "人车分离"是指行人的红绿灯与同方向车辆的红绿灯信号分开。具体做法包括"先让车走，然后给所有车红灯给行人绿灯""设置单独的转向信号"两大类。——译者注（后文如未特别注明，均为译者注）

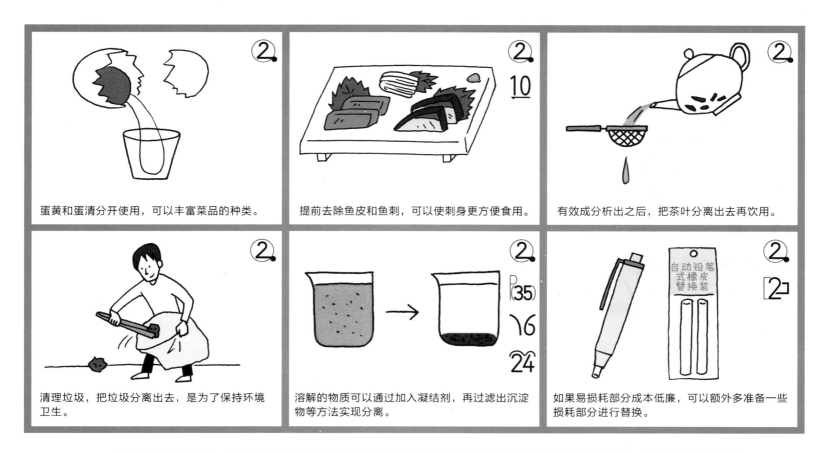

蛋黄和蛋清分开使用，可以丰富菜品的种类。

提前去除鱼皮和鱼刺，可以使刺身更方便食用。

有效成分析出之后，把茶叶分离出去再饮用。

清理垃圾，把垃圾分离出去，是为了保持环境卫生。

溶解的物质可以通过加入凝结剂，再过滤出沉淀物等方法实现分离。

如果易损耗部分成本低廉，可以额外多准备一些损耗部分进行替换。

"#2 分离原理"与"#10 预先作用原理""#25 自服务原理"组合使用可以获得更好的效果。例如，有些物品可以将易损耗部分分离出来，设计成可以只更换损耗部分的结构。

联想词语 | 限定、提取、隔离、集锦、去除、选拔、替换、压缩、煎煮、过滤、沉淀、以外、

具体实例 | 提取对象物、刺身、撇去浮沫、高汤、茶、三角形垃圾桶、人车分离式信号灯、去除有害物质、清理垃圾、数据化、缩印版、

无法分开或者不宜分开的情况下，有时可以有所偏重，分成浓度高的部分和浓度低的部分。"#3 局部质量原理"通过改变局部性质，可以实现有所区别的操作。

纸币、高尔夫球杆等很多物品中都包含有所偏重的"#3 局部质量原理"。

例如纸币的水印就是原材料不变，只是通过使局部的纸张厚度有所不同实现的。

还有全息贴纸、部分反光的珠光油墨、部分线条由细小的 NIPPON 字母①排列而成等，通过设置局部的不同，使纸币无法轻易被伪造。

另外，还有为了可以用手触摸识别而加的记号。纸币简直就是"#3 局部质量原理"的宝箱。

运用发明原理来观察我们日常接触

到的纸币等物品，一旦遇到问题时就会成为有助创意的小工具。

此外，还有多角橡皮，把局部性质扩大到整体，也是该原理的应用实例。

提高物体某一部分浓度的做法并不局限于物理上的物品。零售商店的限时促销是只在一定时限内进行的强化宣传，还有只对一部分收费会员赠送礼品的服务等，也都是局部对策的例子。

如果改变整体的成本太大，可以试着考虑通过改变局部或有所偏重来解决问题。

该符号表示分散在整个三角形中的物质被数字 3 集中到一角的状态。

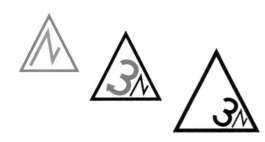

① NIPPON 为 "日本" 二字用拉丁字母标注的读音。——编者注

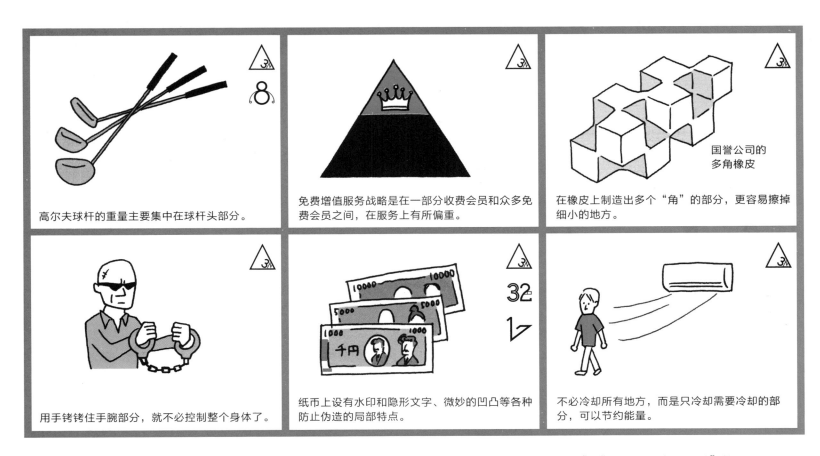

高尔夫球杆的重量主要集中在球杆头部分。

免费增值服务战略是在一部分收费会员和众多免费会员之间，在服务上有所偏重。

国誉公司的多角橡皮

在橡皮上制造出多个"角"的部分，更容易擦掉细小的地方。

用手铐铐住手腕部分，就不必控制整个身体了。

纸币上设有水印和隐形文字、微妙的凹凸等各种防止伪造的局部特点。

不必冷却所有地方，而是只冷却需要冷却的部分，可以节约能量。

"#3 局部质量原理"是进行部分改变。除此之外，纸币上还包含"#32 改变颜色原理""#17 维数变化原理"等。
该原理与"#35 参数变化原理"组合使用，有时可能会解决问题。

联想词语 张弛、偏重、极端、浓缩、部分的、有特征的、仅一部分、（绘画、雕刻中的）变形、强化、暂时的、限定的、附加费、

具体实例 高尔夫球杆、多角橡皮、纸币（水印、凹凸、局部光泽、嵌入文字）、麻将牌、手铐、限时促销、

我们在设计某个物品时，一般都会画成大小对称的形状。很多时候这样做效果很好。但在此举行不通时，也可以尝试破坏对称性，通过不对称性因素来解决问题。这就是"#4 非对称原理"。

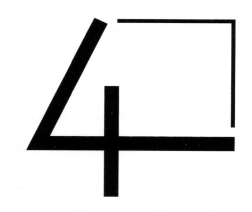

符号由不对称的 4 和梯形组合而成，而梯形正是典型的不对称四边形。

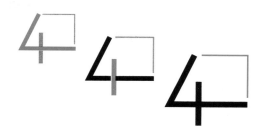

HDMI 端口或微型 USB 连接器都很好地利用了"#4 非对称原理"。这些物品没有做成长方形或圆形等对称的形状，而是略微有点不对称。这样可以确保连接器以正确的方向插入。

可能很多人有过因为 USB 怎么都插不进去而烦躁的经历，因为这种连接器的外观乍看上去呈对称的长方形。

存储卡、SD 卡四个角中的一角缺失，可以便于人们弄清插入的方向。

还有杯子上带有把手，汽车的加速踏板和刹车踏板形状不同，也都是应用了"#4 非对称原理"。

不对称的形状可以产生多样性。新

干线的座位排列不是左右两侧各有 2 个座位，而是设计成不对称的一侧 2 个、另一侧 3 个座位，这样就可以满足 3 个人、4 个人、5 个人、6 个人等不同人数的需求。

另外，不对称的形态还有可能由此得到重力、电力等产生的动力。

电池通过电极金属的不对称性状态产生电力。

此外，利用这一原理，还可以通过距离支点的不同距离，实现输出更大的力，使移动距离更大等目的。

"#4 非对称原理"告诉我们，虽然对称性看起来美观，但是破坏对称性则会增加更多的可能。

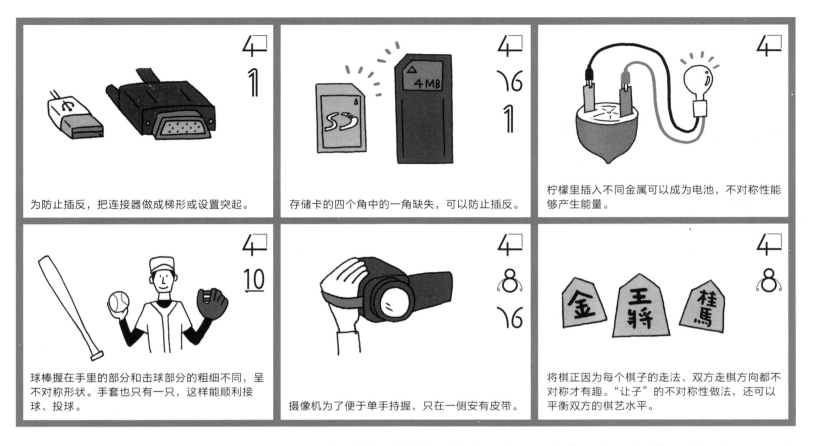

为防止插反，把连接器做成梯形或设置突起。

存储卡的四个角中的一角缺失，可以防止插反。

柠檬里插入不同金属可以成为电池，不对称性能够产生能量。

球棒握在手里的部分和击球部分的粗细不同，呈不对称形状。手套也只有一只，这样能顺利接球、投球。

摄像机为了便于单手持握，只在一侧安有皮带。

将棋正因为每个棋子的走法、双方走棋方向都不对称才有趣。"让子"的不对称性做法，还可以平衡双方的棋艺水平。

把连接部分做成不对称的形状，可以防止错误连接导致的损坏。如果设置提示，则更能顺利无误地连接。另外，有的物品做成对称形状不利于稳定，做成不对称形状则可以取得平衡，变得稳定。

联想词语┃梯形、槽口、突起部分、大小、不齐全、让分赛、有意破坏对称性和平衡、交错、把手部分、配合整体、

具体实例┃电池、连接器的接口部分、记忆卡的缺口、球棒、录像机的手持部分、将棋等各种棋类的走法或"让子"

发明原理观察
"拆分"的 4 个原理
▸▸▸ 浴室

说到容易产生创意的地方，就不能不提浴室。本书介绍的发明原理符号，就有好几个是在浴室里想到的。现在我们就尝试从浴室中找出"拆分"的 4 个原理。

进入浴室，首先会看到浴缸（浴盆）。也就是浴室"被分割为"淋浴和浴缸。对，这就是**"#1 分割原理"**。

如果像国外一样在浴缸中清洗身体，会把水弄脏。因此可能产生有害作用时，可以先试着考虑像浴室一样，分割为浴缸和淋浴。

浴室中会用到大量的水。如果水汽扩散到其他房间，湿度升高，可能导致结露、发霉，非常麻烦。仔细观察，可以发现浴室一般都被"拆分"到房子的一角，而且会让湿气通过窗户或换气扇散到外面。将这种做法抽象化为**"#2 分离原理"**，可能会得到范围更广的创意。

在浴室中接下来会注意到的应该是淋浴。如果不用淋浴，而是用水桶将水倒在身上的话，会用掉很多热水。

把水一点一点精准地浇在头上，确实可以节约用水，但是这样把头发湿透需要花费很多时间。这时想想**"#3 局部质量原理"**，我们就会发现，淋浴的喷头把"细小的水流"集中到局部，就可以解决"节水"和"时间的浪费"之间的矛盾。

如果能像这样，马上就联想起相应的发明原理，淋浴就不只是"方便"，还能帮助我们随时引申出"其中包含的创意"来作为解决问题的线索。也就是说，可以想到这样的解决方法：尝试改变问题的局部性质，或者尝试像淋浴喷头一样，将具有局部性质的细小部分集中在一起。

最后，洗完澡从浴缸往外放水时也能观察到问题。

我们联想浴缸时，总会在头脑中把它描绘成对称的长方形，但是仔细观察就会发现，浴缸的底面是朝着排水孔略有倾斜的。通过底面略微不对称的形状，可以利用重力让浴缸中的水快些排净。这是**"#4 非对称原理"**。

怎么样？是不是觉得只要记住了这 4 个发明原理，浴室就变成可以产生创意乃至能够解决问题的地方？

发明原理观察
"拆分"的 4 个原理
▶▶▶ 吃饭 & 烹调

吃饭和烹调的过程也汇集了"拆分"的全部 4 个原理。

首先，便当盒里的格子是"#1 分割原理"。

与便当盒一样，吃饭时米饭、酱汤和菜分别装进不同的容器，这也是"#1 分割原理"。

虽然一个人生活觉得洗碗麻烦，也可能会把食物一股脑儿都放进海碗里吃，但如果是讲究的饭菜，最好还是分开吃味道会更好。

做饭是"#2 分离原理"的连续。撇去浮沫、去除骨头等做法都很容易理解，还有通过淘米去除米糠、通过过滤去除纤维使食物口感更细滑等，类似的例子不胜枚举。

"#3 局部质量原理"也随处可见：酱油只蘸在生鱼片的一角，只在鱼皮上撒上足够的盐，这些做法都是将调料集中于局部，解决味道和盐分的平衡。

还有煎好牛排的窍门，就是用大火把平底锅烧热，先把牛肉的表面煎好。

吃饭时登场的"#4 非对称原理"中，最常见的可能就是筷子了。正因为形状不对称，握在手里的一端粗一些、用于夹菜的尖端细一些，筷子才能很容易地剔掉鱼肉里的小刺。

追溯西方的刀叉的历史，最初人们吃饭时也是"两手都拿刀"的左右对称形态。直到叉子被发明出来以后，人们发现左右手不对称更为方便，于是这种形态就一直延续到了现在。

而且叉子的尖端从 2 根增加到 3 根，后来又增加到了 4 根，相对于刀的不对称性进一步增大。当您拿起刀叉，看到叉子有 4 根尖端时，请联想起"#4 非对称原理"。

每个人遇到问题时，越是焦急，视野就会越狭窄，就连吃饭也会食不甘味。可是如果能一边想着发明原理一边吃饭，想一想"这里加个分格会怎样呢""只让表面变化会怎样呢"，这样吃饭的时间也可以成为解决问题的时间，会过得更有意义。

掌握发明原理，即使遇到问题，也会理直气壮地去吃饭吧！

"拆分"的4个原理 ▶▶▶ 手

ⓐ 一只手有5根手指
➡ [发明原理 　] (提示：把一个物体拆分为5个……)

ⓑ 5根手指中只有大拇指朝向另一边
➡ [发明原理　　] (提示：对称性不成立)

ⓒ 指甲是皮肤分化、变硬后形成的
➡ [发明原理　　] (提示：指尖的性质变化)

ⓓ 指甲剪掉也不会疼
➡ [发明原理　　] (提示：指甲中没有血管和神经)

ⓔ 手指被关节分成3节
➡ [发明原理　　] (提示：把一个物体分成3个……)

接下来，我们来做一个练习，在每个人都有的手上寻找发明原理。

首先ⓐ手被分成5根手指。这是**"#1分割原理"**。

如果没有分成5根手指，就会产生诸多不便，这一点我们在戴上连指手套时就会深有体会。

ⓑ如果大拇指和其他手指的朝向相同，从形状上来说就很不方便。这是**"#4非对称原理"**。

然后是ⓒ指甲，只有指尖部分的局部是十分坚硬的，这是**"#3局部质量原理"**。

那么，即使用指甲抓到什么东西，或者ⓓ指甲长了剪掉也不会疼，因为指甲里没有血管和神经，这是**"#2分离原理"**。

除了指甲之外，皮肤最表层的角质层也同样没有血液，所以轻微擦伤不会流血。

最后ⓔ，手指被关节分为3个部分，这与ⓐ一样，也是**"#1分割原理"**。

像这样，在总是随身相伴的手上找到发明原理的痕迹，也许会对我们解决问题有帮助。

(a) 削掉胡萝卜和土豆的皮
➡ [发明原理　　　　]（提示：把皮去掉）

(b) 为了方便食用，把胡萝卜和土豆切成可以一口吃进去的大小
➡ [发明原理　　　　]（提示：分割成小块）

(c) 先炒一下蔬菜和肉，防止炖碎
➡ [发明原理　　　　]（提示：把表面的局部……）

(d) 容易炖碎的土豆晚些下锅
➡ [发明原理　　　　]（提示：改变炖煮时间）

(e) 煮的过程中撇去浮沫
➡ [发明原理　　　　]（提示：去除浮沫……）

(f) 为了使咖喱调料块易于溶解，掰开后在放进锅里
➡ [发明原理　　　　]（提示：掰开使用咖喱调料块……）

ⓐ去皮是把胡萝卜皮从可以食用的部分上去掉。所以这一步是**"#2 分离原理"**。而ⓑ是为了便于食用切成合适的大小，这是**"#1 分割原理"**的绝佳例子。

ⓒ为了防止炖碎先炒一下，只将表面的局部用油做出涂层，是在不影响整体的情况下改变表面状态，所以是**"#3 局部质量原理"**。

接下来，ⓓ容易炖碎的土豆最后入锅，通过炖煮时间不对称的方法，来解决炖煮相同时间会煮碎的课题，是**"#4 非对称原理"**的一个例子。

然后ⓔ，煮的时候撇去浮沫，这是把浮沫分离出来，所以和ⓐ一样，是**"#2 分离原理"**。

接下来ⓕ，掰开咖喱调料块，这很容易理解，是**"#1 分割原理"**。掰开的做法是这个原理，"为了容易掰开，咖喱调料块上压有凹槽"也是**"#1 分割原理"**的一个表现。

最后，请从"拆分"的4个原理中选择一个您最喜欢的吧。

"＿＿＿＿＿＿＿＿原理"

TRIZ 延伸：
聪明的小矮人
（SLP）

TRIZ 中，除了发明原理以外，还包含开阔创意范围的各种方法（工具）。在每组原理的最后，我会结合本组的发明原理，介绍其他有关的创意工具的精髓。

这里介绍一个与"拆分"的 4 个原理关系密切的创意工具：**聪明的小矮人**（SLP，Smart Little People）。

在图解血液的凝固机制时，一般都会以拟人化的方法来说明血液中红血球、白血球及血小板等细胞的功能。

每个细胞作为拥有智能的"聪明的小矮人"，在独立思考的同时互相合作，能够结痂，最后打败细菌。小矮人们在自由行动的过程中，实现了人们意想不到的功能或者解决方法。

SLP 正是这样一种思维方式，细致地划分每个研究对象，考虑一个个细小的零件作为"聪明的小矮人"（也有流派将其称为"魔法粒子"）行动，会获得怎样的功能或者解决方案。

考虑"聪明的小矮人""魔法粒子"，可以帮助人们摆脱平时的思维定式（在 TRIZ 中被称为心理惰性），拓宽创意的范围。

例如我们试着从 SLP 的角度来考虑新的创可贴可以实现哪些功能。

除了刚才提到的红血球、白血球和血小板等小矮人之外，还可以尝试想象创可贴的表面也有"聪明的小矮人"。

它们到底能做些什么呢?

创可贴上的聪明的小矮人可以帮助白血球，与细菌作战，积极与血小板结合，从红血球上接过二氧化碳换成氧气，甚至还可能会进行血液检查，并根据检查结果采取某些行动。

这样一来，对于未来的创可贴，我们就会涌现出各种创意。

对发明原理掌握得越熟练，聪明的小矮人们能够做到的事情也会越多。然后，通过性格不同的小矮人之间的合作或组合，创意也会进一步组合，呈现出爆发式增长……

接下来看下一组，"组合"的 4 个原理。

Divide each difficulty into
as many parts as is feasible
and necessary to resolve it.
（把困难分开来解决。）

——《谈谈方法》 勒内·笛卡尔

构思系列
第 2 组
组合

　　把两个事物组合起来，可以创造出新的事物。发明原理中的第 2 组"组合"是创造过程中最基本的方法。

　　东京大学专门教授创造性相关课程的信息学院（i.school）把创新定义为"新结合"。

　　把 A 和 B 组合在一起，制造出全新的 X。我们经常可以见到类似的方法或说明。发明原理"#5 ～ #8"向我们展示了 4 种更进一步的"简练的组合方法"。

　　"#5 合并原理"也称组合原理，把可以在同一时间或场合使用的物品合并或组合起来。

　　"#6 普遍性原理"使一个事物可以用于多种场合。也就是说通过身兼二职的办法来消除浪费。

　　"#7 嵌套原理"是组合到内部，实现层次化设计，其主要作用是减小体积。

　　"#8 配重原理"考虑平衡关系，通过组合来实现减轻重量等补充效果。

　　为了便于理解，我设置了"抽象的或具体的"和"同时利用或分时利用"两条坐标轴，用来表示这 4 个原理之间的关系。

　　接下来还会依次详细介绍，我们首先应该记住的是"#5 合并原理"，其中包含了"组合"的整体内容。

　　如果我们看到体现了组合的创意，就可以标记上"#5 合并原理"的发明原理符号，这是熟练运用发明原理的第一步。

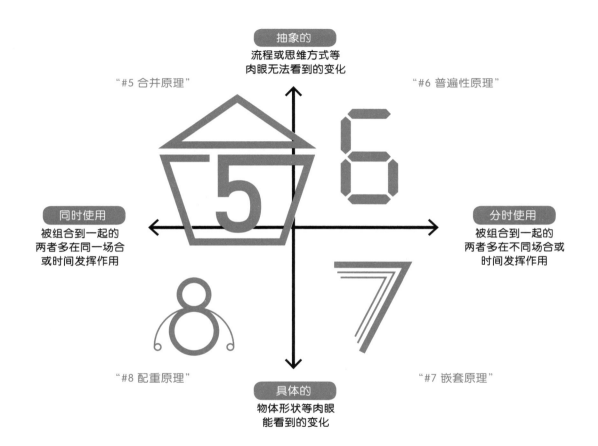

抽象的
流程或思维方式等
肉眼无法看到的变化

"#5 合并原理"

"#6 普遍性原理"

同时使用
被组合到一起的
两者多在同一场合
或时间发挥作用

分时使用
被组合到一起的
两者多在不同场合或
时间发挥作用

"#8 配重原理"

"#7 嵌套原理"

具体的
物体形状等肉眼
能看到的变化

该符号是由三角形和数字 5 的第二笔延伸出来的四边形合起来组成的五边形。

"#5 合并原理"是把两个以上的事物组合起来，可以说是最基本的创造方法。这一原理也称组合原理，通常是把用于相同场合的事物组合起来。

把用于相同场合的物体组合在一起，常见的例子包括带橡皮的铅笔、自动铅笔、红蓝铅笔、香味橡皮、沙拉调料汁（油 + 醋）及各种鸡尾酒。每一种都比组合前更有魅力。

像这样把用于相同场合的东西紧密组合起来，产生大于"1+1"的效果，就是**"#5 合并原理"**的特征。例如音乐 CD，与商业广告进行合作则会更为畅销。

组合还会产生新的行业。

例如"外卖比萨"就是"快递 + 比萨店"，女仆咖啡厅就是"女仆 + 咖啡厅"，"回转寿司"则是啤酒厂的传送带与普通寿司这两种不同行业的组合。

在游戏行业，也会通过类似"枪 + 射击""动作 + 角色扮演"等不同类型的游戏和技术的组合，开发出新的游戏种类。

把用于相同场合的基本相同的事物串联或并联组合起来也是**"#5 合并原理"**。例如拖布、梳子，或者钢琴。想象一下"只有两根梳齿的梳子"或者"只能弹奏一组音阶的钢琴"，就能理解**"#5 合并原理"**的效果。

这一原理也适用于店铺。比起只有孤零零的一家店铺，店铺林立的商业街可以创造出更高的销售额。

把现在单独使用的事物与其他事物合并起来，产生大于"1+1"的效果，这就是合并原理。

带橡皮的铅笔、红蓝铅笔。把用于同一场合的事物预先组合起来，更便于使用。

牙刷和牙膏也是一起使用的，所以配成一套更方便。

"洗衣夹子 + 衣架"的组合很方便。有的还会配上滑轨。

小灯泡和电池。串联或并联会产生不同的特性。

一个单独的六边形不太稳定，但多个六边形排在一起就会形成十分结实的蜂房结构。

钢琴是多个 do re mi fa so la si do 的音阶周期性排列而成的乐器。

　　除了把用于相同场合的不同事物预先组合起来的 "#10 预先作用原理"，把相同事物以特定的模式周期性地组合起来的 "#19 周期性动作原理"，也会产生特别的效果。同一种物质由于结晶构造不同，也会呈现不同的特性的 "#36 相变原理"。

联想词语｜一体化、合并、合体、合作、糅合、新种类、毗连、并联、串联、

具体实例｜带橡皮的铅笔、天妇罗荞麦面、外卖比萨、动作角色扮演、蜂房结构、结晶构造、

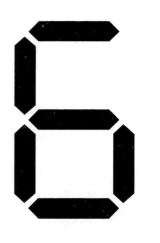

符号是由 6 根短线组成的 7 段码显示的数字 6。

"#6 普遍性原理"，顾名思义，就是具有通用性，可以一物多用。7 段码显示法用摆成数字 8 的形状的 7 根数码管通过开关组合，来显示出 0 ~ 9 的数字，是最常见的 "#6 普遍性原理" 的具体实例。

如果没有发明 7 段码显示法，小型电子计算器恐怕很难实现吧！想增加功能，又不想增加零件或者尺寸时，就可以用到 **"#6 普遍性原理"**。

例如多功能刀，通过刀柄的通用部分，解决了功能多与体积大的矛盾。

另外还有一种十字槽螺丝钉，其中间的 "一" 字凹槽做得更长一些，用一字螺丝刀也可以拧紧，或者晴雨两用伞等都具备可以应对不同情景或对象的通用性，这是 **"#6 普遍性原理"** 的关键。企业也会为了削减成本而采用通用化零件。

计算机过去曾被称为通用机，是可以用于多种用途的代表物品。亚马逊实现了销售图书的网络的通用化，也可以销售图书以外的商品，获得了飞跃性成长。接下来，该公司又实现了管理后台计算机的机制的通用化，将其作为云服务提供给其他顾客，在平台业务中获得了高额利润。这个例子表明，重视通用性多加思考，不仅可以削减成本，还能获得新的利润。

日本人很擅长利用 **"#6 普遍性原理"**。同一个日式房间，铺上被子可以用作卧室，收起被子就是客厅，一室两用可以有效利用空间。此外，筷子的通用性也要高于刀叉。

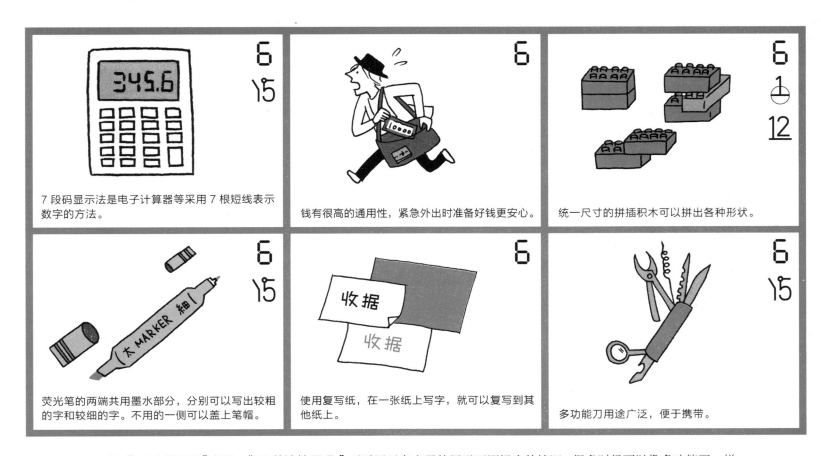

7 段码显示法是电子计算器等采用 7 根短线表示数字的方法。

钱有很高的通用性，紧急外出时准备好钱更安心。

统一尺寸的拼插积木可以拼出各种形状。

荧光笔的两端共用墨水部分，分别可以写出较粗的字和较细的字。不用的一侧可以盖上笔帽。

使用复写纸，在一张纸上写字，就可以复写到其他纸上。

多功能刀用途广泛，便于携带。

与"#5 合并原理"相比，"#6 普遍性原理"更适用于多个零件用于不同场合的情况，很多时候可以像多功能刀一样，带有可活动部分"#15 动态化原理"，暂时不用的功能可以关掉。

联想词语 | 身兼二职、一举两得、多种场合、兼用、通用零部件、平台、通货、通用模块、通用设计、

具体实例 | 数码数字、多功能刀、筷子、菜刀、智能手机、日式房间、十字一字通用螺丝钉、云服务、Web API、通用电脑板、

"#7 嵌套原理"可以让我们联想起 TRIZ 的发源地苏联。其英文名称是 nested-doll。该原理就像俄罗斯套娃一样，采取在内部嵌套收纳的做法。

发明符号是把 7 嵌套放入内侧的形状。

把多个东西组合起来时，基本是一个接一个相邻排列（即组合在外侧），这样体积就会随之增大。而**"#7 嵌套原理"**则为我们提供了一个新的视角，即"排列在内部会如何呢？"

伸缩杆、三脚架、钓鱼竿和波纹管很好地利用了内部空间。这是解决携带时变短、使用时变长这组矛盾的关键。

如果不是像随笔那么短的文章，而是需要写成一本书一样长的内容，就需要整理成类似第 1 部分第 2 章第 3 节的嵌套层次。法律和宪法也通过 XX 法第 1 条第 2 款等不同层次，方便使用者在冗长的条文中找到所需部分。

除了较长的物体，数目或数量很多时，嵌套结构也可以大显身手。如果企业员工很多，就会设置部门、科室等层次化组织结构。时间采用小时、分、秒来表示就会比只用秒表示更为方便。此外，十进制也可以说是一种层次。

还有更为复杂的嵌套，例如自然界中的分形结构（自相似结构）。通过计算分形结构，便可以用计算机动画将树木、云朵等形象栩栩如生地展现出来。

从这些例子中可以发现，很多方便、漂亮的物体都应用了嵌套结构。因此面对尺寸、复杂性等问题时，可以考虑使用嵌套原理来找到解决方法。

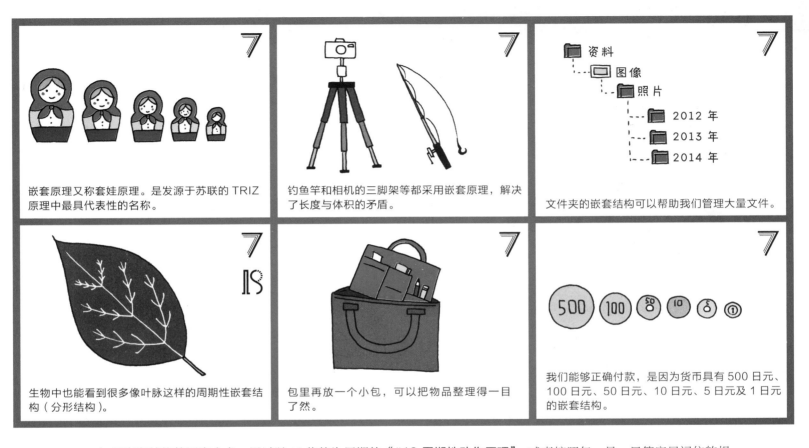

嵌套原理又称套娃原理。是发源于苏联的 TRIZ 原理中最具代表性的名称。

钓鱼竿和相机的三脚架等都采用嵌套原理，解决了长度与体积的矛盾。

文件夹的嵌套结构可以帮助我们管理大量文件。

资料
图像
照片
2012 年
2013 年
2014 年

生物中也能看到很多像叶脉这样的周期性嵌套结构（分形结构）。

包里再放一个小包，可以把物品整理得一目了然。

我们能够正确付款，是因为货币具有 500 日元、100 日元、50 日元、10 日元、5 日元及 1 日元的嵌套结构。

500 100 50 10 5 ①

　　如果嵌套结构的层次众多，通过以 10 倍等为周期的"#19 周期性动作原理"，或者按照年、月、日等容易记住的规律，可以更便于我们把握整体层次。

联想词语 内侧、层次化、目录结构、树的结构、分形结构、组织结构、嵌套、

具体实例 三脚架、钓鱼竿、波纹管、章节结构、条款、域、URL、HTML、树木、钱、夹馅饭团、

不是简单地组合，而是在考虑平衡的同时进行组合，这样做有时可以产生新的效果。"#8 配重原理"，顾名思义，就是为了取得平衡而进行组合。

符号由数字 8 和弥次郎兵卫 ① 组合而成。

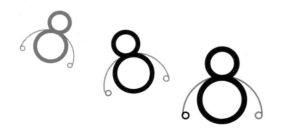

仔细观察一些玻璃结构的观光电梯，可以看到里面配有一个重物，它在电梯上升时下降，在电梯下降时上升。通过这个重物取得平衡，可以节省电梯上下时所需的能量。

与此类似，"**#8 配重原理**"能够解决做功量与重量之间的矛盾。

在相反一侧加上平衡重物，能够对电梯施加浮力，所以"**#8 配重原理**"中也包含了对浮力和升力的利用。

船舶、浮标、救生圈或浮力板等物体放入水中或液体中时，重力与浮力的平衡能使物体保持稳定。

飞机能够在空中飞行，是因为机翼产生的升力与飞机的重量取得了平衡。

此外，"质价相符"是指对所提供的价值设定合适的价格，这是做生意的秘诀。会计管理中不可或缺的"复式记账法"，是指同时记录商品和货币的收入和支出，使之平衡。其实这是中世纪的佛罗伦萨、威尼斯等地的意大利商人之间所特有的秘密发明。

遇到问题时，如果能利用滑轮、浮力或者金钱的收入或支出等方法，将完全相反的事物平衡地组合起来，就有可能产生划时代的发明。

① 一种日本传统玩具。呈人的形状，身体较细，通过向左右伸出的两只手上的重物保持平衡。也叫天平人偶。英语叫 balance toy。

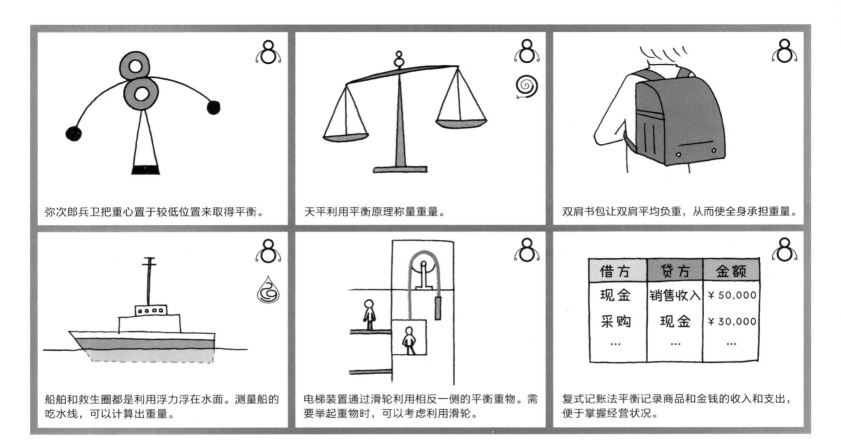

弥次郎兵卫把重心置于较低位置来取得平衡。

天平利用平衡原理称量重量。

双肩书包让双肩平均负重，从而使全身承担重量。

船舶和救生圈都是利用浮力浮在水面。测量船的吃水线，可以计算出重量。

电梯装置通过滑轮利用相反一侧的平衡重物。需要举起重物时，可以考虑利用滑轮。

复式记账法平衡记录商品和金钱的收入和支出，便于掌握经营状况。

借 方	贷 方	金 额
现 金	销售收入	￥50,000
采 购	现 金	￥30,000
…	…	…

　　"#8 配重原理"一般会利用对称的力，因此很适合与接下来要介绍的"#9 预先反作用原理"配合使用。此外，在有重力作用的地球上，船舶和飞机通过"#29 流体作用原理"获得浮力与重力的平衡，才能够沿水平方向移动。

联想词语 ┃ 平衡、浮力、升力、滑轮、价格、代价、对抗、重力、重心、对手、

具体实例 ┃ 弥次郎兵卫、电梯、天平、救生圈、飞机、衣架、复式记账法、

"组合"的 4 个原理

▶▶▶ 发明原理符号

本书的发明原理符号也是通过发明原理得以不断改进和完善的。这里介绍一下，其中运用了发明原理"#5 ~ #8"的部分。

首先是"#5 合并原理"。为了便于读者同时记住序号和含义，每个符号都由这两部分组合而成。

"#5 合并原理"的符号，是由 5 与△和囗组合而成的五边形；"#6 普遍性原理"的符号，由 6 和极具普遍性特点的 7 段码显示法数字组成；"#7 嵌套原理"的 7 ，是 3 个 7 嵌套而成；"#8 配重原理"的符号 ，是由 8 和平衡玩具弥次郎兵卫组合而成的。

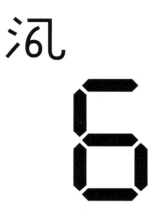

接下来是"#6 普遍性原理"。为了实现通用化设计，我在设计这些原理符号时，尽量不依赖特定的语言，以便使其可以适用于任何国家。

"#6 普遍性原理"的符号原本是由"汎 ①"字和数字 6 组成，但这样只能在汉字文化圈中使用，所以我把它改成了现在的形态。五边形、7 段码显示数字、弥次郎兵卫等其他符号也都采用了在任何文化圈都能通用的设计。

---

① "汎"字为日语中的汉字，"汎用"表示通用之义。——编者注

接下来是**"#7 嵌套原理"**的应用。所有发明原理符号都是采用将数字嵌入内部的形式设计的。

为什么一定要把数字嵌入符号的内部呢？因为我认为发明原理的排列顺序本身就具有重要意义，而且要有效使用矛盾矩阵，最重要的一点就是看到数字后马上联想到相应的发明原理。

最后，**"#8 配重原理"**的关键是要考虑平衡。

我在设计原理符号时充分考虑了数字与图案大小的平衡、含义与书写容易度的平衡。例如，几乎所有的符号都像平假名一样，可以用"三笔以内"的笔画写出来。这是因为考虑到只有容易画，人们才会多动手去画，最终才能记住它所对应的发明原理。

没有"合并"，就不知道这个原理的序号。

依赖于语言，则会降低"普遍性"。

不是"嵌套"结构，就会太占地方。

没有达到"平衡"，所以不美观。

"组合"的4个原理 ▶▶▶ 列车

ⓐ 卧铺车厢或硬座车厢
➡ [发明原理　　　　] （提示：电车与床或座椅的组合）

ⓑ 卧铺车厢可以把座椅放倒，当作床来使用
➡ [发明原理　　　　] （提示：一个座椅两种用途）

ⓒ 缆车两两相向运行
➡ [发明原理　　　　] （提示：一辆上山时另一辆在下山）

ⓓ 不同级别的列车：慢车、快车、特快
➡ [发明原理　　　　] （提示：慢车在快车停留的车站也会停车）

ⓔ 在车站建购物中心
➡ [发明原理　　　　] （提示：在车站附设购物中心）

　　以铁路上的各种列车为例，观察"组合"的4个原理。

　　ⓐ卧铺车厢或硬座车厢既可以作为电车使用，也能作为床或座椅使用，电车在行驶的同时也是床或座椅，所以符合"**#5合并原理**"。

　　ⓑ同样的座椅"既可以作为椅子使用，也可以作为床使用"，所以是"**#6普遍性原理**"。

　　ⓒ缆车有效地利用了上山车辆和下山车辆相互的重量平衡，所以可以说是"**#8配重原理**"发挥了作用。

　　ⓓ民营铁路公司拥有多个级别的列车，这与几乎所有的民营铁路公司都在经营铁路运输的同时，还兼做不动产业务有关。从不动产业务来看，在路线中途兴建新的车站可以提高土地的价值。但是如果停靠的车站太多，相应地停车时间也会增加，作为交通业务的竞争力就会下降。

　　尽可能让更多的地方距离车站更近（即增加车站数量）与增加车站会导致移动时间增加的矛盾，可以通过引进快车或特快列车等对停车站进行嵌套式设置的"**#7 嵌套原理**"得到解决。

　　ⓔ在车站开设各种店铺，是将等车的地方与购物场所组合起来的"**#5 合并原理**"。也可以根据店铺建在车站里面这一点，理解为"**#7 嵌套原理**"。

"组合"的4个原理 ▶▶▶ 卧室

(a) 日式房间既可以作为客厅，也可以作为卧室
➡ [发明原理   ]（提示：一室两用）

(b) 天气寒冷时，把毛巾被、羽绒被、毛毯摞起来盖
➡ [发明原理   ]（提示：同类物品一起使用）

(c) 有的床也可以收纳睡衣等物品
➡ [发明原理   ]（提示：既能当作床来使用又具有收纳功能）

(d) 枕头在睡觉时支撑头部
➡ [发明原理   ]（提示：低回弹枕头→回弹是指什么？）

接下来看看卧室里有哪些发明原理。

容易产生创意的地方，在西方是"3B"，即 Bed、Bus、Bathroom（床、公共汽车、浴室），在东方则是"三上"（马背上、枕头上、马桶上），无论东方还是西方都包括了卧室。

确实，睡前经常会想到好点子，所以有不少人会在卧室里准备纸笔，把灵感记录下来（我也是其中一个）。

卧室当中，包含创意最多的当属日式房间。使用被子时是卧室，铺上坐垫时则是客厅，摆上餐桌又成了餐厅，一个房间可以用于3种场合。可以说ⓐ正是"#6 普遍性原理"。

ⓑ冷的时候可以把几条被子摞起来一起盖在身上。多条被子同时发挥作用，最接近"#5 合并原理"

ⓒ兼具收纳功能的床，同时发挥收纳功能和床的功能，所以是"#5 合并原理"。而且这种床利用了内部空间，所以也是"#7 嵌套原理"。

最后是ⓓ，睡觉时枕头能够支撑头部，是抵挡下沉的、类似浮力的力量在发挥作用，可以说是"#8 配重原理"。

顺便提一下，从提前设置回弹力的角度来看，利用浮力也是下一组中的"#9 预先反作用原理"。

最后请从"组合"的4个原理中选择一个您最喜欢的吧。

"＿＿＿＿＿＿＿＿原理"

TRIZ 延伸:
科学效应
（Effects）

TRIZ 的发明原理是从专利中分析得出的跨领域的通用智慧。因此 TRIZ 把各项专利的发明要点直接概括在各种科学作用当中，也就是说，TRIZ 拥有系统汇总的数量庞大的具体实例的清单。

这些具体实例被命名为"**科学效应（Effects）**"，是 TRIZ 的主要工具之一。

充分利用这个数量庞大的清单，需要使用专门的软件。了解与理论配套的具体实例，可以扩大创意的范围。

TRIZ 专用软件非常有效，但是价格也高达数百万日元乃至上千万日元。

大企业的产品销量多达几百万台，如果每台可以节省几十日元的零件或结构，便可以增加数亿日元的利润。如果能够掌握划时代的专利，更会带来惊人的效益。这样想来，自然可以接受这个价格了。

本书不涉及专用软件，而是以发明原理介绍中在右侧页面列举的具体实例为中心进行总结。

因此，在我们看到专利（如果有机会的话），或者看到身边的创意时，如果像之前的练习一样，找出其中的 TRIZ 发明原理，同时做一个自己的"发明原理具体实例集"，则会对以后的工作或学习带来帮助。

其实我在写这本书时，也重新整理了每个发明原理的实例集。

这样充分做好准备，工作就可以进展得更加顺利。

类似这种准备，在过后看来，就是预先进行的工作。

说到预先准备的重要性，接下来就来介绍下一组"预先"的 4 个原理。

创意无外乎是已有要素的全新组合。

——《创意的生成》 詹姆斯·韦伯·扬

构思系列
第 3 组
预先

曾经向我传授 TRIZ 的老师们经常说"准备占八成"。也就是说事情能否成功，80% 取决于事先的安排。

"事先认真准备的人才能取得好成绩"，不论工作中还是生活中，都经常会听到这句话。

构思系列的第 3 组就是"占八成"的准备时会用到的发明原理。

以**"#9 预先反作用原理"**为代表，发明原理**"#9 ～ #12"**为应该预先准备的工作提供了 4 种模式。

"#9 预先反作用原理"就是事先明确问题点，预先准备好反作用力，以便过后能够恢复原来的状态。

"#10 预先作用原理"是预先做好准备，**"#11 预先防护原理"**是对有危险的地方进行预先保护，**"#12 等势原理"**是提前使位置（高度）达到一致。

除了**"#11 预先防护原理"**之外，其他原理的名称我们平时都比较少听到，所以我通过"抽象的或具体的"以及"异常类或正常类"两条坐标轴，归纳了这 4 个发明原理之间的关系，希望可以帮助大家理解。

在预先大致介绍了原理的概要之后，下页开始就在此基础上详细介绍这 4 个发明原理。

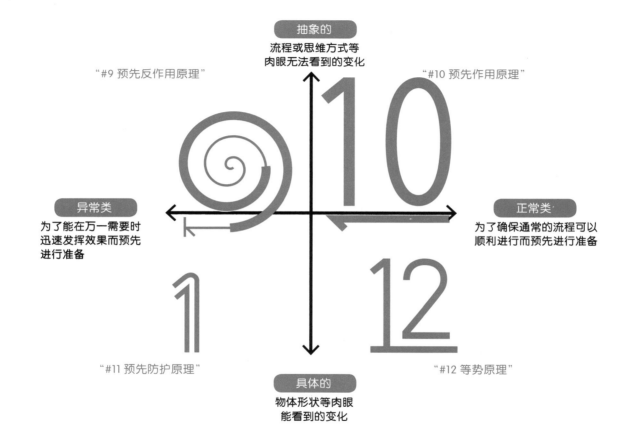

抽象的
流程或思维方式等
肉眼无法看到的变化

"#9 预先反作用原理"

"#10 预先作用原理"

异常类
为了能在万一需要时
迅速发挥效果而预先
进行准备

正常类
为了确保通常的流程可以
顺利进行而预先进行准备

"#11 预先防护原理"

"#12 等势原理"

具体的
物体形状等肉眼
能看到的变化

"#9 预先反作用原理"是预先储备反作用力（与使其变化的力作用相反的力）。通过储备的反作用力，可以实现某些动作，轻易恢复到原来的状态。

发明符号由9和卷尺组成。数字9在额外多绕了几圈之后停下来。

符号中用到的卷尺就是预先储存了反作用力的例子。我们为了测量长度，会把收纳起来的尺子拉出来使用，用完放手之后尺子就能"嗖"地一下被收回原处。

这是因为，内置的发条在尺子被拉出时以"发条上劲儿"的形式保存了反作用力，这是与被拉伸方向相反的、卷回去的力。

与此类似，通过在进行某个作用的同时，预先储备好逆向的能量（反作用力），即可迅速地自动恢复到动作发生前的状态。

自动雨伞按一下手柄上的按钮，就会立刻弹开，这也是因为关闭雨伞时，就已经把"打开雨伞所需的能量"储存在了弹簧里。

"#9 预先反作用原理"能够迅速、自动发挥作用的特点在预防重大事故或二次事故时能够发挥出重要作用。例如灭火器和自动喷水灭火装置都是预先在内部加压，以便在火灾发生时迅速喷出灭火剂或者水。涂有自发光材质的"紧急出口"指示牌等也很好地利用了"#9 预先反作用原理"。

工作中也是一样，为了获得顾客的信任，要事先做出退款的承诺，或者参加意外保险等。预先做好准备，在出现问题时迅速补偿损失，能够使顾客更为放心。

像这样，希望系统瞬间复原时，可以预先储备反作用力。

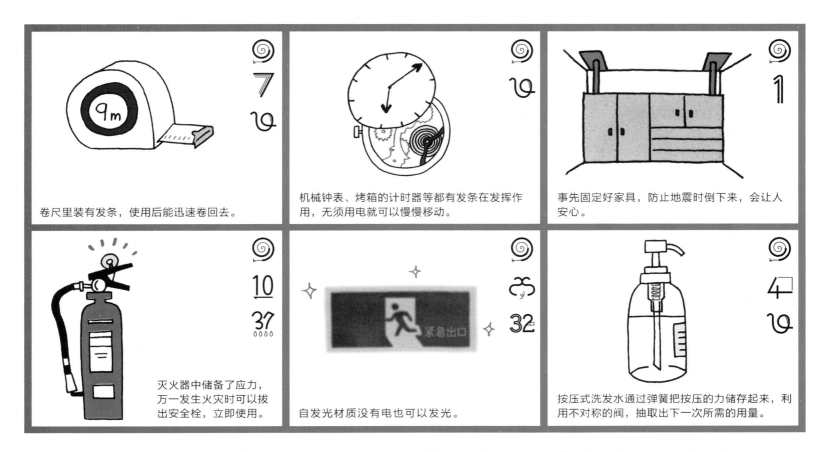

卷尺里装有发条，使用后能迅速卷回去。

机械钟表、烤箱的计时器等都有发条在发挥作用，无须用电就可以慢慢移动。

事先固定好家具，防止地震时倒下来，会让人安心。

灭火器中储备了应力，万一发生火灾时可以拔出安全栓，立即使用。

自发光材质没有电也可以发光。

按压式洗发水通过弹簧把按压的力储存起来，利用不对称的阀，抽取出下一次所需的用量。

在"#9 预先反作用原理"中，很多都利用了弯曲的金属弹簧或者发条，是"#14 曲面化原理"。灭火器和气囊中也提前设置了利用"#37 热膨胀原理"的机制。

联想词语 弹簧、发条装置、应力、卷回去、迅速膨胀、迅速的初始动作、紧急对策、保险、保障、补偿、

具体实例 卷尺、伸缩胸卡、门、自动伞、自发光涂料、气囊、陷阱、意外保险、灭火器、按压式洗发水、

10

符号表示的是 1 领先于 0 的状态。

10 10 10

我们出门前会查看天气预报，是因为提前知道天气，便可以顺利实现自己接下来的计划。像这样，预先准备后面的事情，就是"#10 预先作用原理"。

如果留心观察，可以发现很多预先进行的做法。

例如提前预约酒店、提前买好车票都会让旅行更顺利。预订时需要填写的预订单也是提前印有需要填写的内容和填写范例，方便用户填写。

烹调前的准备也是预先进行。例如炒蔬菜时，要先把蔬菜切成薄片，然后再炒。这样可以使蔬菜快速地均匀受热，也就是预先为最后炒的步骤做准备。

日常生活中随处可见"#10 预先作用原理"，工业生产流程中也会频繁用到这一原理。

例如"碎纳豆"。如果将圆粒形状的豆子做成纳豆，做好后再切的话，黏黏的纳豆很难切碎，所以可以发酵之前先剁碎。

接下来，在包装工序中，"#10 预先作用原理"也会发挥作用。商品的包装一般是在商品制造完成之后进行，但黏黏糊糊的纳豆则是在将大豆蒸熟后与纳豆菌混合的阶段就"预先"包装好，然后再发酵。

另外，"整理整顿""按照从小到大的顺序或者按五十音图顺序排序""事先通气""预谈判""预先准备""事先调查问题点"等，心里想着发明原理，就会发现预先作用在我们身边随处可见。

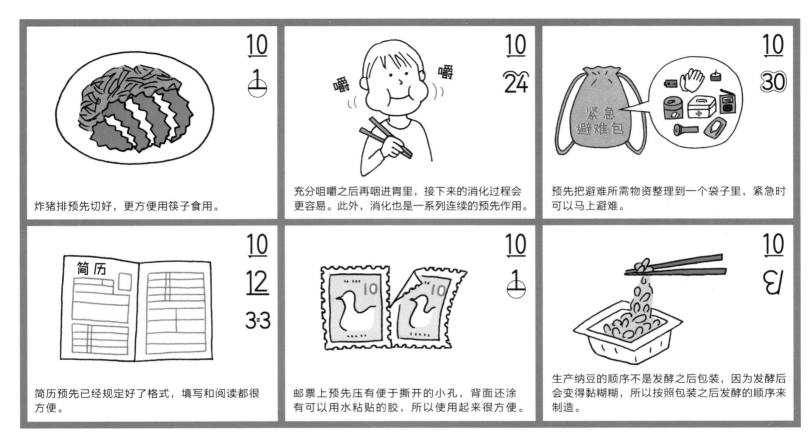

炸猪排预先切好，更方便用筷子食用。

充分咀嚼之后再咽进胃里，接下来的消化过程会更容易。此外，消化也是一系列连续的预先作用。

预先把避难所需物资整理到一个袋子里，紧急时可以马上避难。

简历预先已经规定好了格式，填写和阅读都很方便。

邮票上预先压有便于撕开的小孔，背面还涂有可以用水粘贴的胶，所以使用起来很方便。

生产纳豆的顺序不是发酵之后包装，因为发酵后会变得黏糊糊，所以按照包装之后发酵的顺序来制造。

在日常生活可以观察到很多"#10 预先作用原理"。这个原理经常会与其他发明原理一起使用。应用其他发明原理时，可以试着考虑一下能否预先准备，这样会有很好的效果。

联想词语 | 事先准备、准备、储备、预测、布局、预谈判、事先通气、排序、平整土地、脚手架、先忧后乐、(反义词) 临时把佛脚、表格、

具体实例 | 准备食材、碎纳豆、五十音图顺序、从小到大的顺序、编号、简历、邮票、

符号表示把数字 1 的锋利尖端用略带弯曲的 1 覆盖起来。

锋利　　防护

顾名思义，"#11 预先防护原理"是对容易损坏、损坏会带来很大损失的东西做好"预先保护"的原理。日本有一句谚语，"未摔倒之前先备好拐杖"。该发明原理是"预先"组中最容易记住的一个。

拐杖、安全帽、护栏等形象都体现了**"#11 预先防护原理"**。

现在我们眼前就有这样的例子，比如本书的护封或者智能手机外壳等，可以说带有外壳的物品都应用了**"#11 预先防护原理"**。

还有衣服和手套等，也可以预先保护人们免受寒冷侵袭，或者免受伤害。

这样想来，除了护栏、保险杠、气囊之外，"暂停""禁止入内"等标识也可以看成是这个原理的例子。

除了物理上的保护之外，在未感染病毒前就装好杀毒软件、在用户安装软件时取得用户对免责条款的同意、为网页采集信息时提供选项以防止有人输入恶意内容，这些都可以视为预先保护的例子。

计算机系统受损时迅速启动备份系统（确保冗余性），这也是预先保护的一环。

在那些万一受到严重损坏将导致不可挽回的后果的情况下，预先保护的效果尤其显著。有意识地考虑**"#11 预先防护原理"**，观察把对身体的伤害降到最低所采取的做法，就可以找到很多预先消除风险的启示。

头部很重要，用安全帽或防灾头罩预先保护。

"未摔倒之前先备好拐杖"是最能体现预先防护原理的谚语。

预先防护原理符号中，右侧的1表示护栏或拐杖。

图书包上书皮可以预先保护图书不被弄脏或弄湿。

雨伞、雨靴和雨衣——被雨淋湿之前做好准备很重要。一键式自动雨伞可以通过弹簧的作用立即打开。

在路口预先设置警告标识，"分时间段"通行可以起到保护作用。

为了实现预先防范，可以利用"#30 薄膜原理"、储备反弹力的"#9 预先反作用原理"等多种发明原理。另外，在危险场所的附近采用红色、黄色等醒目颜色"#32 改变颜色原理"进行警告也是预先防范。

联想词语 保护罩、限幅器、事先检查、隔离、未摔倒之前先备好拐杖、警告、紧急避险方法、冗余性、护具、预防、消除风险、免责、标识、

具体实例 安全帽、护栏、手机外壳、安全气囊、保险杠、铁路道口的栏杆、覆盖身体的毛发、提供选项、

12 等势原理

"#12 等势原理"是通过实现"同样的位置关系""同样的高度",使事情进展顺利、解决问题的发明原理。又称均势原理,也包括使势能一致。

12

符号是延长数字 1 底部的横线,把高度比较低的 2 放在上面,由此来表示"等势"。

12 12 12

在"预先"组中,**"#9 预先反作用原理"**和**"#11 预先防护原理"**是恢复原来状态,"守"的倾向更为明显,而**"#10 预先作用原理"**和**"#12 等势原理"**则是推进状况向前不断发展,"攻"的倾向更强。

最容易理解的例子就是无障碍地面,通过使地面保持高度一致,帮助人们顺利通行。传送带也是使作业高度一致的**"#12 等势原理"**的例子。

更大规模的例子是巴拿马运河。把船只无法跨越的巴拿马海峡分成几段,使相邻区域的水位相等,这样就将太平洋和大西洋连接起来。正如该原理的名称"等势原理",有时使电场、磁场的势能一致也可以解决问题。

比如冬天,手碰到门把手时会"啪"地被电到一下,这是由于衣服上积存的静电电位高于门把手的电位。如果预先通过放电手链等释放静电,让自己与门把手的电位相等,开门时就不会被电到了。

此外,该原理也可以应用于无形的事物。例如免除会费、可以使用现有 ID 登录的服务等,都可以消除用户入会前后的心理障碍,是能够吸引用户顺利加入的例子。

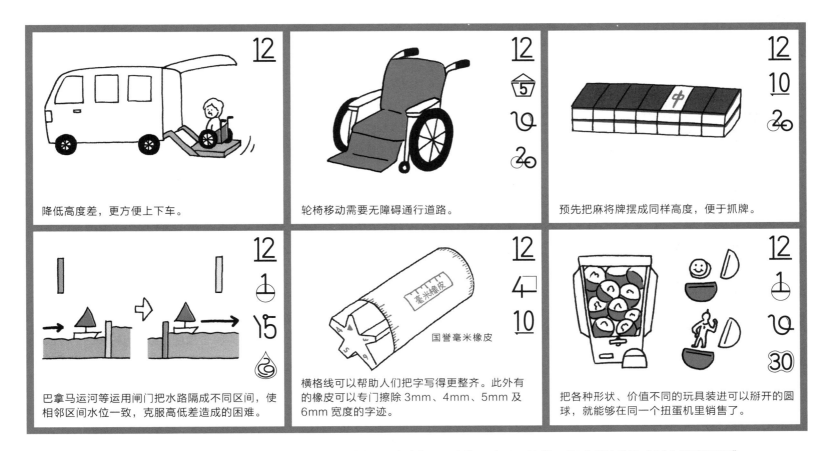

降低高度差，更方便上下车。

轮椅移动需要无障碍通行道路。

预先把麻将牌摆成同样高度，便于抓牌。

巴拿马运河等运用闸门把水路隔成不同区间，使相邻区间水位一致，克服高低差造成的困难。

横格线可以帮助人们把字写得更整齐。此外有的橡皮可以专门擦除 3mm、4mm、5mm 及 6mm 宽度的字迹。

把各种形状、价值不同的玩具装进可以掰开的圆球，就能够在同一个扭蛋机里销售了。

通过统一高度来实现无障碍通行，可以帮助人们顺利到达下一个位置或下一阶段。此时可以采用"#30 薄膜原理"来取得很好的效果。此外，还可以使用"#29 流体作用原理"来统一高度。

联想词语｜无障碍通行、相同高度、统一规格、相同准位、水位、直线化、直接、模块化、曲面、球面、电解质（等张性、等渗透压性）、

具体实例｜无台阶公共汽车、轮椅、摆麻将牌、巴拿马运河、电梯、扶梯、扭蛋机、车轮、

发明原理观察
"预先"的 4 个原理
▸▸▸ 便利店

便利店可谓名副其实，在生活中为我们提供了很多服务，非常方便。为了给顾客提供便利，便利店在所有地方都下了功夫。我们可以试着从便利店的做法中找出有关"预先"的发明原理。

首先是饭团。食用之前，包在饭团外面的海苔都能保持又干又脆的状态，可以说饭团对便利店的飞跃性发展做出了重大贡献。

保护饭团的塑料膜"越结实越好"，但如果太过于结实，就会产生"难以打开"的矛盾。所以就出现了现在的形式，即用线绳把塑料膜划破，这是"#10 预先作用原理"。

米饭和海苔之间也会根据"#2 分离原理"用塑料膜隔开，以免海苔变潮湿，分隔二者的塑料膜"预先"分成左右两半的做法也是"#10 预先作用原理"。

接下来是便利店的招牌商品——盒饭。盒饭不只内容重要，外观也会影响销量。

为了防止漏出汤汁，事先用保鲜膜包好，以及为了让饭盒强度更结实，把边缘做成反折过来的形状，这些都是"#11 预先防护原理"。遇到强度不够的问题时，这种做法也许可以派上用场。

饮料罐都摆放在同一高度，这是"#12 等势原理"。每种饮料都会从最前排开始摆放，方便顾客拿取，也是同样原理。最前面商品卖掉之后，它空出来的位置会由原本摆在后排位置的商品自动填充。

这里的关键是货架略向下倾斜。这一点可以理解为货架高度采用了"#4 非

对称原理"，此外还利用"物体会因为重力作用向下移动"的原理，把饮料罐提前摆放在稍高的位置，即"#9 预先反作用原理"。

最后在收银台，用读码器读取商品的条形码，就能确认商品名称和价格。

这是因为商品名称和价格已经被"提前"储存到条形码中。预先制作数据库，给商品附上条形码，这两个做法都可以理解为"#10 预先作用原理"。

便利店预先下了各种各样的功夫，以此实现了便利。在我们为不知如何解决问题而烦恼时，可以休息一下，顺便到附近的便利店观察这些发明原理，也许就会得到解决问题的线索。

我们的身体是漫长进化的结果，其中也包含着很多发明原理。从发明原理的角度来观察身体，我们可以获得离自己最近的"解决问题的线索集"。

"#9 预先反作用原理"可以在肌肉的活动中观察到。例如想比平时跳得更高，我们可以稍微蹲下一点，施加反作用，然后再跳。

或者，我们想把球投得更远，可以向后方大幅度摆动手臂，一边体会肌肉的反作用力推动向前的感觉一边投球。这正是"#9 预先反作用原理"。

接着来看人体消化食物的机制。

为了提高小肠吸收人体必需的糖和氨基酸的效率，胃和十二指肠会预先把蛋白质分解成氨基酸。在更早的阶段，为了便于胃部消化，我们会在嘴里用牙齿把食物嚼碎，用唾液将淀粉分解成糖。这些都是"#10 预先作用原理"。

如果不加留意，我们很难注意到毛发的作用，现在就从"#11 预先防护原理"的角度来观察一下。

头发可以缓和外界对头盖骨及大脑的冲击，眉毛可以防止汗水从头顶流下来，睫毛可以防止灰尘或脏物进入眼睛，还有鼻毛、耳毛……

所有这些都是"预先"保护身体重要部分的"#11 预先防护原理"。

除此以外，还有保护大脑的头盖骨、保护心肺的肋骨、保护脊髓的脊骨。身体受到损伤之后再进行治疗会很难，所以到处都能看到"#11 预先防护原理"。

最能让我们直观感受到"#12 等势

原理"的是牙齿的排列。正因为牙齿高度一致，才能嚼碎各种大小的食物。吃饭时舌头将食物推送到与牙齿相同的高度，这也是同一原理。

等势原理还有其他的表现形式。例如以"#12 等势原理"为卖点的各种运动饮料。

水可以补给水分，但纯净水的成分与体液不同，并不易于被人体吸收。所以要设法尽量让饮料与人体所含的水分保持离子平衡，以便吸收。

运动饮料当中有一些"等渗等压型饮料"，等渗等压正是体现了"#12 等势原理"。

练习	"预先"的4个原理 ▶▶▶ 卫生间

ⓐ 有人靠近马桶，马桶盖会自动打开
➡ [发明原理　　　　]（提示：马桶盖打开，提前做好准备）

ⓑ 坐到马桶上，自动冲出少量水流，防止污垢附着
➡ [发明原理　　　　]（提示：同类物品一起使用）

ⓒ 在与手同样的高度，装有卫生纸
➡ [发明原理　　　　]（提示：同样的高度……）

ⓓ 冲水开关在冲水过后会自动返回原来的位置
➡ [发明原理　　　　]（提示：在扳动扳手时储备了返回原来位置所需的力）

带有温水冲洗功能和坐便圈自动加热功能的马桶在日本十分常见，其实这是比好莱坞名人豪宅里的卫生间还要豪华的重要发明。日本的卫生间里蕴含着很多创意。

最新式的马桶具有ⓐ在有人靠近时自动打开马桶盖的功能，这是"#10 预先作用原理"。

马桶盖打开之后，ⓑ马桶会冲出少量水流，可以在马桶表面形成一层薄薄的水膜，预先防止污垢附着，这是"#11 预先防护原理"。

这个功能也可以理解为为除去污垢而进行的"#10 预先作用原理"，或者理解为通过水膜对污垢附着的力施加反作用力的"#9 预先反作用原理"。

只要能有助于产生新的创意，就都是正确答案。

接下来，需要使用手纸时，ⓒ手纸安放在与手高度一致的地方，这是"#12 等势原理"。这一点也可以理解为预先把手纸放到容易拿到的地方，因此也是"#10 预先作用原理"。

最后，ⓓ放水冲洗时，我们会扳动冲水开关。水龙头在放出水流之后一般需要拧向相反方向才能关闭水流，但马桶上的冲水开关因为在扳动时已经储存了反作用力，所以在放开手后阀门会自动关闭，这是"#9 预先反作用原理"。

马桶是适合创意的"三上"（马背上、枕头上、马桶上）之一。有意识地从发明原理的角度去思考，创意就会越来越多。

◎ 10 1 12

练习 | "预先"的4个原理 ▶▶ 服务

ⓐ 为用户通过智能手机申请服务而准备的表格

➡ [发明原理　　　　] （提示：为了申请顺利预先准备）

ⓑ 与手机通话费一起扣除费用

➡ [发明原理　　　　] （提示：便于吸引用户使用付费服务）

ⓒ 提供服务时，取得用户对免责条款的同意

➡ [发明原理　　　　] （提示：在发生突发事件之前进行预防）

ⓓ 为了发生事故时能迅速补偿损失，预先参加保险。

➡ [发明原理　　　　] （提示：为了得到补偿，需要预先交纳保险金）

以上是向顾客提供服务时，需要用户通过手机申请这一过程中的发明原理。

ⓐ如果有能够通过手机申请服务的表格，就可以省去用户邮寄申请书的时间，省去公司录入计算机的过程，更便于用户申请。这可以说是"**#10 预先作用原理**"。对于用户来说，可以节省去索要申请书的时间和邮寄的时间，何乐而不为呢？

面向手机的很多服务是收费的。所以像ⓑ一样，将费用与手机通话费一起扣除，降低用户对支付的心理门槛，从而从免费服务转到收费服务。"**#12 等势原理**"能够发挥这样的作用。

然后ⓒ提供服务时，为了防止用户提出过分要求等意外情况，通过免责条款预先进行防范非常重要，这是"**#11 预**

不过即使这样，也有可能会发生责任属于服务提供者的意外情况。为了在发生这种情况时能迅速获得损失赔偿，可以像ⓓ一样预先支付保险金。这是"**#9 预先反作用原理**"。

从上面的例子可以看出，发明原理中最抽象的构思系列，也可以从各企业在提供服务时积累的一些无形的技巧当中发现。

接下来请从"预先"的4个原理中选择您最喜欢的一个。

"＿＿＿＿＿＿原理"

◎ 10 11 12

TRIZ 延伸：
事先、事中、事后

前面介绍了"预先"组的发明原理。预先准备周全，就可以更快完成工作。即使不学习发明原理，我们平时对这一点也应该深有体会。

还有，使用完马上整理好也会便于下次使用，这一点也是一样。

预先考虑"过后的事情，即事后"，这是被称为**"事先、事中、事后"**或者**"T1、T2、T3"**的 TRIZ 工具。

我以写作这本书时关注的问题为例，介绍一下这个工具的使用方法。

说起要写一本书，很多人都向我建议"书名很重要"。因为人们在"买书"这个行为之前，都要先看"书名"，所以这一点确实非常重要。

另一方面，希望读者用 TRIZ 的思维方式进行思考，这是我写作本书的意义，所以事后同样很重要。因此我比最初的计划增加了更多的图解和实例，希望读者把本书用作创意线索集，读后（事后）反复使用，所以最后做成了现在这样的结构。

即使价格稍微高一点，只要可以多次使用，而不是读完就扔到一边。这样对读者来说更有好处，我作为作者也更高兴。我认为这样应该可以形成双赢的关系。

像这样，对于自己正在做的事情，除了考虑"事先"之外，还要反过来考虑"事后"，这样可能会带来更进一步的想法。

"反过来考虑"是创造工作中最为基本的部分。下一组是从"#13 逆向思维原理"开始的"变形"的 4 个原理。

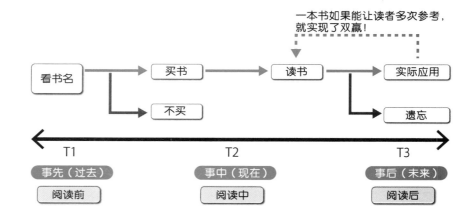

技巧系列

~能普遍适用于所有系统的发明原理~

技巧系列

继构思系列的 3 组共 12 个原理之后，接下来介绍技巧系列的 4 组原理："变形""高效化""无害化"和"省力化"。

"技巧系列"的发明原理"#13 ~ #28"与前面的"构思系列"相比，涉及的是较为有形的物体。

技巧系列的 4 组发明原理对应的是设计系统以及实际形成设计时的步骤。

这里所指的系统是为了某种目的而将元素或子系统组合而成的系统。

构建系统的第一步，是为了发挥系统的主要目的而进行设计。也就是为了生成结果或物质，以系统的输出为目的

而进行调整。

"变形"的 4 个原理，即"#13 逆向思维原理""#14 曲面化原理""#15 动态化原理"和"#16 不足或超额行动原理"能够对与形状有关的问题发挥作用。

"高效化"的 4 个原理，即"#17 维数变化原理""#18 机械振动原理""#19 周期性动作原理"和"#20 连续性原理"能够从"系统的作用和效率"的角度，对某些部分的改进发挥作用。

系统并不是只要生成了目的物就算完成了，除此以外，还需要抑制目的物之外的副产品的产出。

副产品往往是有害的或者无用的物质，如残渣、杂音、排热、废弃物等。

如果会同时生成大量上述副产品，就不能说系统是正常运行的。

去除这些有害作用的危害，需要发挥"无害化"的 4 个原理的作用，即"#21 高速运行原理""#22 变害为利

原理""#23 反馈原理"和"#24 中介原理"。

只有充分去除了系统的副产品，系统才能平稳、顺利地运行。系统一旦开始运行，就会产生材料、能量等运行成本，零部件也会发生磨损。

因此，系统需要适当的维护。能够在这一范围发挥作用的是"省力化"的 4 个原理，即"#25 自服务原理""#26 替代原理""#27 一次性用品原理"和"#28 机械系统的替代原理"。

接下来，就让我们从"变形"组的 4 个发明原理开始介绍吧。

技巧系列
第 4 组

变形

技巧系列中的第 1 组发明原理包括"#13 逆向思维原理""#14 曲面化原理""#15 动态化原理"和"#16 不足或超额行动原理"。

如果用更为简单易懂的语言来形容这 4 个原理，就是"倒过来""团起来""做出可活动部分"和"扩大开口"。

每一个发明原理都与"变形"有关，其符号也是把发明原理的序号按上面的方法做了变形。

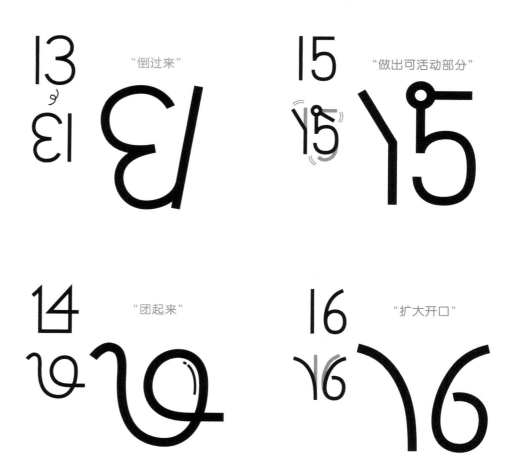

"倒过来"

"做出可活动部分"

"团起来"

"扩大开口"

我们经常听说通过反向的创意解决了问题的情况。实际上，把各种各样的要素颠倒过来，就可能会有所创造。"#13 逆向思维原理"就是尝试反向思考的原理。

符号是把 13 倒过来，让 1 和 3 连在一起。从颠倒过来的 1 的右上角开始，一个笔画直接完成。

把大的东西缩小，把短的东西拉长，把宽的东西变窄，这些变形都是"#13 逆向思维原理"的代表。把上下左右、里面外面，或者出口和入口反过来，也都是"#13 逆向思维原理"。

更广义一些，比如运营多个店铺时，需要根据每个店铺的布局来采取不同的做法，也可以通过反向创意来经营店铺，为了统一操作，先将所有店铺的规模统一起来。

此外，还有与通常的拍卖做法相反的降价拍卖，先从最高价格开始，然后逐渐降低价格。

所有解决问题的方法，在事后看来都可以说是反向作用。如果是通过"#1 分割原理"解决了问题，那么解决问题之前和解决问题之后就会分别产生"分割前"和"分割后"的相反状态。如果通过"#2 分离原理"解决了问题，就会产生"分离前"和"分离后"的相反状态。

我们也可以反向利用发明原理。例如由"#1 分割原理"可以想到不分割、由"#4 非对称原理"可以想到使不对称的物体对称的方法。

"是毒还是药"，往往会因具体情况的不同而不同，所以有时也可以反向应用发明原理来解决问题。

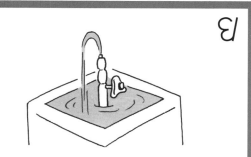

通过让水向上流出，利用重力的作用，帮助人们不用杯子也可以喝到水。

有些咖啡馆可以看到凹形的冰块。这是因为将水向上喷射冷冻，可以使杂质掉落下来，制出纯度更高的冰块。

平安时代的贵族因为当时的风俗很少洗澡，所以会焚香来去除身上的气味。

制作陶器时，手保持不动，转动旋转台盘，可以把形状做得更漂亮。

金缮是日本特有的修复方法，用混有黄金的漆来修补损坏的器物。这种做法可以让接口呈现出独特的美感。

很多杂草都属于禾本科。将繁殖力旺盛的水稻作为食物，前人的智慧也体现了反向创意。

　　粗略来看，所有的发明原理都可以说是"#13 逆向思维原理"的具体化体现。与原来相比有所改变的部分，基本都是由下变为上、由直线变为曲线的"#14 曲面化原理"、由静态变为动态的"#15 动态化原理"、由精确变为大致的"#16 不足或超额行动原理"，变成与原来相反的状态。

联想词语 颠倒、反向、逆向、反过来、背面、反向创意、反义词、相对的关系、

具体实例 反过来数、推不动就拉、便笺、旋转台盘、车床、让对象物动起来、降价拍卖、

"#14 曲面化原理"会给予我们很多启发，从而解决长度、面积、体积等与尺寸有关的各种矛盾。球面、半圆形、圆周运动、离心力等，留意的话随处都可以观察到这一原理的具体实例。

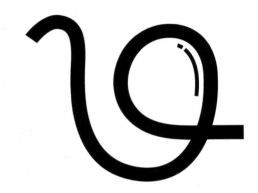

曲面化原理的符号是把数字 14 写成像过山车的轨道一样的弯曲形状。

最常见的例子是在"#9 预先反作用原理"中提到过的卷尺。我们很难把 9 米长的直尺带到其他地方，但 9 米长的卷尺就很容易携带。这就是利用了"#14 曲面化原理"，把尺子卷成曲面得以实现的。如果用矛盾定义来描述这个问题的话，就是通过"#14 曲面化原理"解决了体积与长度的矛盾。

另外，"#14 曲面化原理"很适合与"#20 连续性原理"配合使用。这是因为采用曲面形成圆环，就可以做出没有终点（近似无限）的结构。日本的山手线环线地铁、程序开发中的缓冲环区、回转寿司等都是其具体实例。

回转寿司的传送带在拐角处做成圆形，在保证能够顺利前进的同时，还具有在有很多人参加的聚餐等场合提高安全性能的重要作用。

此外，做成圆形还可以提高强度。原子、地球都是球形，因为这是最稳定的形状。建筑物做成圆形、半圆形，则是利用"#14 曲面化原理"来解决重量与强度的矛盾。

而且圆周运动还会产生离心力。脱水机就是应用了这种新产生的力的具体实例。把曲线形导线、圆弧结构、离心力全部结合起来加以应用的就是过山车。

认识到曲面化原理后，我们马上可以发现很多身边的创意。

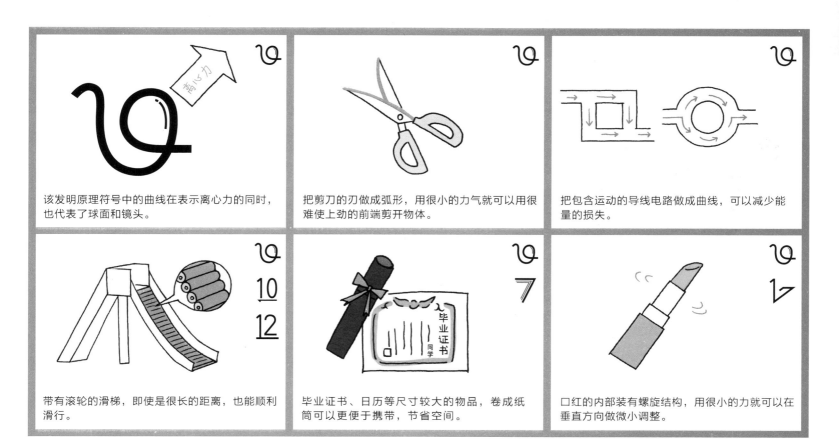

该发明原理符号中的曲线在表示离心力的同时，也代表了球面和镜头。

把剪刀的刃做成弧形，用很小的力气就可以用很难使上劲的前端剪开物体。

把包含运动的导线电路做成曲线，可以减少能量的损失。

带有滚轮的滑梯，即使是很长的距离，也能顺利滑行。

毕业证书、日历等尺寸较大的物品，卷成纸筒可以更便于携带，节省空间。

口红的内部装有螺旋结构，用很小的力就可以在垂直方向做微小调整。

想运用"#20 连续性原理"连续做某个动作时，经常会用到旋转设计。而且不同于多边形，圆形即使分割成多个部分，也仍然能保持对称性，这一点对设计非常有用。另外离心力在"#34 抛弃或再生原理"中也能发挥很大作用。

联想词语	曲线、球面、球形、拐弯、半圆、圆屋顶、圆圈、团起来、圆周运动、转动、圆形、圆筒、螺旋、滚轮、离心力、
具体实例	卷尺、车轮、轴承、过山车、镜头、管道、圆形锯、旋转楼梯、螺丝、可以转出来的口红、

15 动态化原理

"#15 动态化原理"就是变形。除了增加可活动部分或者赋予调节功能之外，也可以根据需要采取能够随机应变的动态措施，例如按照具体情况选择不同的静态功能等。该原理也称为动态性原理。

从"#15 动态化原理"的角度来观察一下自行车。

首先是车灯。为了可以只在需要的时候点亮，车灯与轮胎接触的地方是可活动式的。

根据杠杆原理，踩踏踏板时，扭矩与自行车的移动距离和所需力量之间是互为矛盾的关系，所以可以通过变速齿轮来解决这个问题，实现在平坦的道路上速度更快和在上坡时动力更强。

把踏板产生的力传递到齿轮的链条也是把可以活动的铁珠连成一串，从而解决坚固性和灵活性的矛盾。秋千扶手处的铁链也是同样的道理。

风扇的风力或炉子的火力可以调节为弱、中、强，这也是"#15 动态化原理"的实例。

说到火力的强弱，在吃牛排时可以选择三分熟、五分熟、七分熟等不同程度，这也是一种动态。根据希望实现的结果来适当地改变处理方式，有时可以解决很多问题。

在商务活动中，可以考虑通过特别定制的菜单等方式灵活满足客人的需求。

先画一个弯曲的吸管，然后画上带有可调节部分或者关节的5，这个符号就完成了。

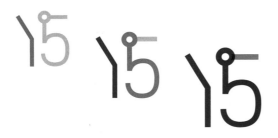

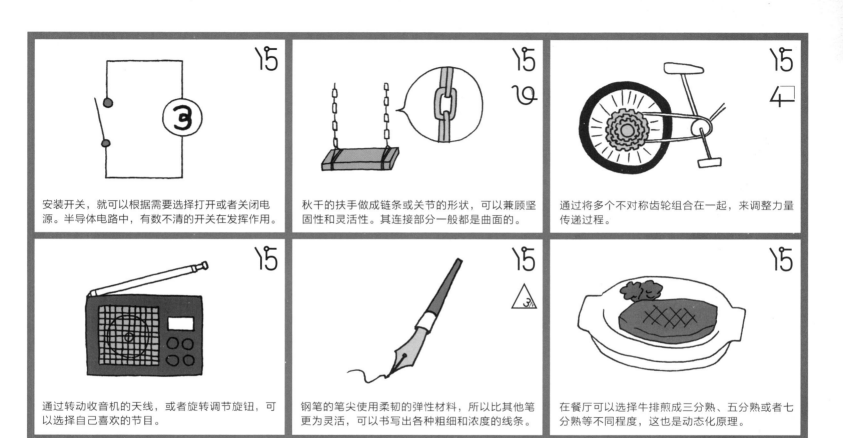

安装开关，就可以根据需要选择打开或者关闭电源。半导体电路中，有数不清的开关在发挥作用。

秋千的扶手做成链条或关节的形状，可以兼顾坚固性和灵活性。其连接部分一般都是曲面的。

通过将多个不对称齿轮组合在一起，来调整力量传递过程。

通过转动收音机的天线，或者旋转调节旋钮，可以选择自己喜欢的节目。

钢笔的笔尖使用柔韧的弹性材料，所以比其他笔更为灵活，可以书写出各种粗细和浓度的线条。

在餐厅可以选择牛排煎成三分熟、五分熟或者七分熟等不同程度，这也是动态化原理。

　　把对象划分为几个部分，分别增加其动态性，可以更精确地进行控制。从固定不变的功能变为能够适应具体情况的设计，这也是 TRIZ 的发展过程所展示的"合理"做法。

联想词语 | 调节、on/off、具体情况具体分析、可活动部分、可变化、关节、开关、调节杆、根据情况、适应、控制、调节、条件、选择、

具体实例 | 换挡、链条、灶台旋钮、秋千、可装卸结构、采用弹性材料、钢珠连成一串、选择路线、if-else 语句、

面对问题时稍稍放宽要求或规则，或者增加一些用量，有时就可以解决问题。此外，想办法在略有不足或过剩的情况下也能运行，或者利用估算或近似的做法也是"#16 不足或超额行动原理"。

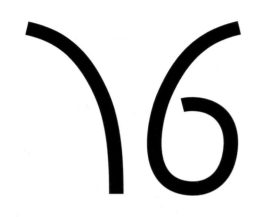

把 1 画成漏斗截面图的一侧，然后再对称地画上"差不多的" 6，把最后部分画成不太完整的圆。

最常见的利用"#16 不足或超额行动原理"的例子，就是圆周率。

圆周率是 3.14159265358……接下来还会无限延续下去。如果使用这个数值，计算将永远不会结束。因此我们以"3.14"作为圆周率进行计算。

此外，在计算圆周率时，阿基米德把比圆略大的外切多边形和比圆略小的内接多边形来近似当作圆的周长。

除了圆周率之外，把尾数四舍五入进行计算的情况也很多。做生意时双方也会先从交换费用估算书、估算进度表开始。

这条原理的优点是副作用少、可预测。通过略微增减用量来解决问题时，并不是向系统追加新的资源，而只是调整已有资源的用量。因此副作用较小，还能保证其可预测性。

灵活运用"#16 不足或超额行动原理"的窍门是，在设计阶段就预先考虑如何使其在稍有不足或过剩时，仍然能够照常发挥作用。

例如十字螺丝钉，即使螺丝刀略大一些或者略小一些，仍然都可以拧紧。

还有下页列举的漏斗、篮球的篮框等，设置适当的引导标志有助于程序的高效运行。

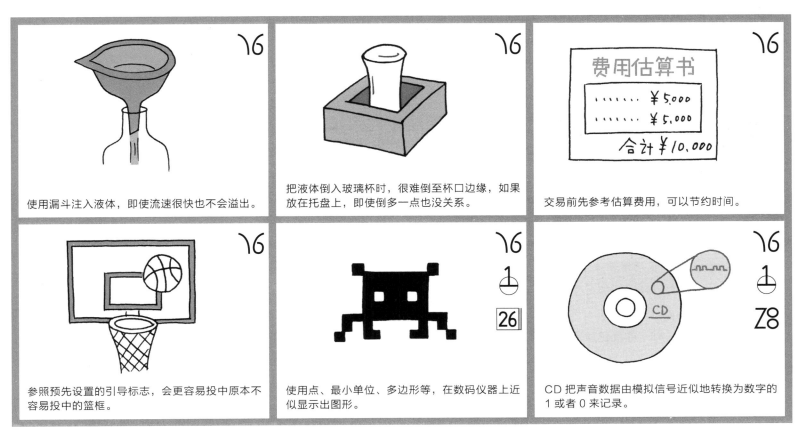

使用漏斗注入液体，即使流速很快也不会溢出。

把液体倒入玻璃杯时，很难倒至杯口边缘，如果放在托盘上，即使倒多一点也没关系。

交易前先参考估算费用，可以节约时间。

参照预先设置的引导标志，会更容易投中原本不容易投中的篮框。

使用点、最小单位、多边形等，在数码仪器上近似显示出图形。

CD 把声音数据由模拟信号近似地转换为数字的 1 或者 0 来记录。

　　常见的近似的例子还有数据化。例如在显示器上用多个正方形的集合来显示圆形物体，用多边形（或多边形的集合）近似显示立体的物体，用 256 个级别的数值来代替颜色等处理方法。

联想词语 | 略多、略少、四舍五入、近似、量子化、数字化、数值化、溢出来也没关系、设置引导标志、过多、不足、

具体实例 | 漏斗、酒吧里把杯子与托盘配套使用、以 500 日元为单位的 AA 制、十字螺丝钉、估算、棒球手套、圆周率 3.14、多边形集合、

发明原理观察
"变形"的 4 个原理
▸▸▸ 人体

发明原理 "#13 ~ #16" 多与形状有关，人体中随处都可以看到这 4 个原理。科学技术的发展历史不过几百年，而人体却历经了数万年乃至数十万年的进化，是优胜劣汰的结果的集合。

人体随处可见 "#14 曲面化原理"。首先是你现在正在看书的眼睛。顾名思义，"眼球"是球形结构，可以向上下左右自由活动。如果眼球是立方体，头就需要代替它转来转去地看东西了。

保护大脑的是头盖骨。它呈半圆形，同时以尽量少的重量和尽量薄的厚度确保足够的强度，保护最重要的大脑。

颈椎、脊椎和脚心也都是弓形结构，因此能够承受重量并保持稳定。

骨骼平时可以吸收冲击的力量，但有时也会遇到超出承受范围的冲击。如果为了能耐受任何冲击而不断变粗、变硬，那么人的骨头就会越来越重。

其实有一种骨骼就可以通过折断来吸收冲击力，即反向发挥作用。

这就是锁骨。锁骨不是折不断的骨头，而是为了折断而生的骨头。这里体现了 "#13 逆向思维原理"。遇到棘手的问题时，我们可以尝试考虑像汽车引擎盖一样，通过损坏自身来吸收冲击的锁骨作用来解决。

"#15 动态化原理" 体现在整个身体中，所有的关节都符合这一原理。关节包括可以屈伸的指关节、可以转动的肩关节、可以屈伸和转动的肘关节，虽然都是通过可活动部分实现了动态性，但实际上它们各有各的模式。

有很多关节像股关节一样，是碗形结构，即使略有错位也没有关系。这是 "#14 曲面化原理" "#16 不足或超额行动原理" 以及 "#15 动态化原理" 共同实现的综合作用。

另外，人体进餐之后的消化机制中也包含大量 "#16 不足或超额行动原理"。

用牙齿嚼碎食物、胃里的胃酸使食物变成黏稠的液体、小肠吸收营养、大肠吸收水分，食物按照这个程序被逐步消化，不过每个程序都是在基本完成之后就会进入下一个程序。

我们的消化器官进化得非常完善，即使只是"基本完成"，也能够正常发挥作用。

与手一样，我们也可以把身体作为创意线索集，来探寻其中的发明原理，它们在任何时候都会对我们大有帮助。

"变形" 的 4 个原理
▶▶▶ 洗衣机

洗衣服曾经是最耗费时间的家务劳动。被称为"三种神器"之一的洗衣机为我们解决了这个难题。现在我们来看看洗衣机中的发明原理。

很多洗衣机都可以针对衣物的不同材质和污渍来选择不同的洗衣模式。洗涤次数和脱水时间也可以选择。

根据衣物材质选择功能的做法体现了"**#15 动态化原理**"。有的洗衣机不仅可以利用自来水管道里的水洗涤，还可以使用洗澡水，这种结构也是"**#15 动态化原理**"的一个例子。

开始洗涤之后洗衣槽就会开始不停地转动。如果洗衣机被设计成与搓衣板一样，高速进行直线往复运动，那么一定会产生很大的噪声。

圆周运动解决了洗涤衣物的速度与其产生的噪声之间的矛盾。这是"**#14 曲面化原理**"的有效利用。另外，通过旋转进行脱水的方法也是我们最常见的有效利用离心力的例子，这也是"**#14 曲面化原理**"。

那么如果只靠脱水的方式，让衣物干透需要多少时间呢？恐怕持续脱水 3 个小时也不能干透。

实际上脱水大约 5 分钟可以去掉九成以上的水分，此时就结束这一程序，进入下一步的烘干程序。这是"**#16 不足或超额行动原理**"。

最近有一种带干燥功能的洗衣机，即洗衣烘干一体机。

在洗衣这个主要功能的基础上，洗衣烘干一体机增加了烘干功能。这时我们就要考虑，如何才能在洗衣机上实现烘干的功能。

普通洗衣机的洗衣槽是垂直安装的，衣物会堆积在底部，无法有效烘干。

那么从如何实现有效烘干的角度出发，利用反向创意，考虑能否用烘干机来实现洗涤功能，于是就制造出了倾斜的滚筒式洗衣烘干一体机了。

这正是"**#13 逆向思维原理**"的实例。用更简单易懂的话来说，如果无法在现有机器上增加某项功能，可以考虑在需要追加功能的专用机器上实现现有的功能。从这个角度考虑，有时可能会创造出划时代的新产品。

可以说家用电器是汇聚了各种专利的百宝箱，除了洗衣机之外，从其他很多东西里都可以观察到大量发明原理。

<table>
<tr><td>练习</td><td>"变形"的4个原理 ▶▶▶ 回转寿司</td></tr>
</table>

ⓐ 圆形的盘子可以顺利通过拐弯处
➡ [发明原理　　　　]（提示：如果盘子是方形的会怎样呢？）

ⓑ 传送带也可以顺利拐弯
➡ [发明原理　　　　]（提示：传送带由月牙形的零件连接构成）

ⓒ 顾客从已经做好的寿司中选择自己喜欢的
➡ [发明原理　　　　]（提示：普通寿司店是客人点餐之后再做）

ⓓ 虽然成本各不相同，但相同种类的盘子里的寿司都是同样的价格
➡ [发明原理　　　　]（提示：统一价格）

回转寿司行业里有很多申请了专利的创意，其产业规模超过3000亿日元，堪称"发明大户"行业。

首先，顾客落座后就能看到圆形的盘子从眼前经过。ⓐ圆形盘子可以顺利通过拐弯处。这是"#14 曲面化原理"。普通寿司店的方形盘子看起来更为高级，但在拐角处方盘会互相碰撞，还可能会翻落下来。

接下来再看ⓑ盘子下面的传送带。用月牙形零件连接起来的形状在直线运行时当然没有问题，即使在拐弯处也能顺利通过。这是"#14 曲面化原理"和"#15 动态化原理"的完美结合。

不用半月形板把轨道完全覆盖住，而是留出一些空间以确保其灵活可动，这是"#16 不足或超额行动原理"。

顾客决定了要吃什么，ⓒ取下盘子时，会注意到回转寿司与普通寿司店"顾客点餐后再做寿司"的顺序是相反的。

通过提前做好寿司，厨师师傅可以自己合理安排工作顺序，以便做出更多的寿司。这是"#13 逆向思维原理"，利用该原理还可以实现控制成本。

最后是结账。ⓓ虽然鱼肉的价格各不相同，但统一分为120日元、240日元等几个等级的价格，就可以简化结账时的计算环节，这是"#16 不足或超额行动原理"的一个表现。

从上面这些我们可以看出，寿司店里到处都是发明原理。在解决问题遇到瓶颈时不妨顺便去吃一次回转寿司吧！

"变形"的4个原理 ▶▶▶ 扶梯

(a) 台阶的尺寸设计得比脚更大一些
➡ [发明原理　　　　　]（提示：很难做到符合所有人脚的大小）

(b) 扶梯台阶之间的高度差在顾客乘上或走下扶梯时变为0
➡ [发明原理　　　　　]（提示：高度能够动态变化）

(c) 扶梯的扶手（轮带）是连续不断的
➡ [发明原理　　　　　]（提示：如何使其实现连续转动？）

(d) 平时速度比较慢，人乘上去后速度会变快
➡ [发明原理　　　　　]（提示：运动速度不是固定不变的）

(e) 清洁扶梯扶手时，自己的手不动就可以将其擦拭干净
➡ [发明原理　　　　　]（提示：自己不动，被打扫的对象移动）

扶梯在19世纪已经被发明出来，之后得到了不断完善。

ⓐ乘客站立部分设计得大于脚长，这样就可以满足所有人的脚的尺寸。这是"#16 不足或超额行动原理"的一个例子。

除了扶梯之外，其他可能发生问题的系统也可以通过留出若干额外宽度来顺利解决问题。

动态改变台阶之间的高度差ⓑ是"#15 动态化原理"，ⓒ扶手部分连续不断是利用"#14 曲面化原理"实现"#20 连续性原理"的很好例子。

ⓓ是在速度而不是台阶之间的高度差上运用了"#15 动态化原理"。

一般来说，擦东西时手部需要移动，但擦拭扶梯时，由于对象物（扶手）在动，ⓔ手保持静止不动即可。

这个做法是让对象反向移动的"#13 逆向思维原理"。可以说扶梯本身就是把"人登上（活动）台阶（静止物）"变成"人不动，楼梯动"的"#13 逆向思维原理"。

最后请从"变形"的4个原理中选择您最喜欢的一个。

"＿＿＿＿＿＿原理"

TRIZ 延伸：
九屏图法

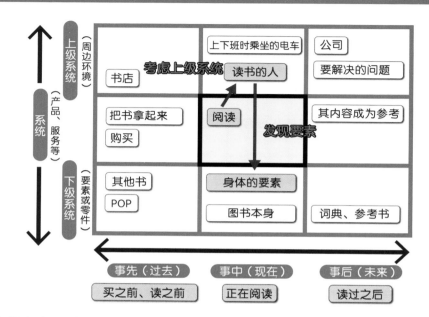

上级系统（周边环境）

系统（产品、服务等）

下级系统（要素或零件）

书店	上下班时乘坐的电车	公司
	考虑上级系统 **读书的人**	要解决的问题
把书拿起来 购买	阅读 **发现要素**	其内容成为参考
其他书 POP	身体的要素 图书本身	词典、参考书

事先（过去）　　事中（现在）　　事后（未来）

买之前、读之前　　正在阅读　　读过之后

第 3 组的 TRIZ 延伸中介绍了按时间进行分割的创意方法，即事先、事中、事后（T1、T2、T3），在此基础上再增加一个维度，就成了二维的九屏图。

我们可以把"上级系统（周边环境）"和"下级系统（要素或零件）"作为另一个维度，让思维变得更加开阔。

这样可以找到更合理的资源来解决问题，或者更便于我们事先准备方案。

例如本书多次举了人体的例子。这是因为如果使用九屏图法进行分析，就可以把阅读图书的读者作为书的上级系统，而身体

的各部分则可以作为下级系统里的要素。

此外，在事先和事后考虑对象物的上级系统和下级系统，可以让视野更开阔。

第 3 部分将会详细介绍"发明原理符号九屏图"，用这种方法可以对各组发明原理进行整理，我在决定各组发明原理应

该放在哪个位置时，就充分考虑了其在九屏图中的位置。

将一维变成二维，这种增加维度的做法也可以启发我们产生新的创意。接下来将要介绍的就是从"#17 维数变化原理"开始的"高效化"的 4 个原理。

胜者之战民也，若决积水于
千仞之溪者，形也。
（胜者之战，形也。）

——孙子

技巧系列 第 5 组 高效化

"变形"的 4 个原理"#13 ~ #16"主要是使形状发生改变,而"高效化"的 4 个原理"#17 ~ #20"则是通过改变系统的利用空间和利用时间来提高效率,解决能量消耗因输出的增加而增加的问题。

"变形"的 4 个原理是形状上的变化,所以更为直观。而"高效化"的 4 个原理则多表现为难以立即察觉的创意方法。如果有意识地去寻找,我们经常可以从意想不到之处发现这组发明原理,它们非常值得我们学习和掌握。

例如发生灾害时,如果是难以通过正常道路到达的位置,救援队可以利用空中这个维度来靠近现场。这种利用新的维度来提高效率的方法即"#17 维数变化原理"。

大家在急着取出书包里或袋子里的东西时,可能都有过摇晃书包或袋子的经历。通过摇晃或者使用电磁波等的振动来提高系统的工作效率,从而解决问题,这是"#18 机械振动原理"。

使动作有急有缓,或者设置周期性休止,来提高系统的效率,"#19 周期性动作原理"能够在这一过程中发挥类似指挥者的作用。研究人员调查了最新专利,得出的结论是在希望提高功能效率时,应该随时关注和考虑这一原理。

连续不停地蹬自行车,可以提高能量效率。同样,需要花费较多能量才能开始或终止运行的情况下,有时可以通过让物体连续工作来提高效率。这就是"#20 连续性原理"。

如果为了提高效率而向系统中添加新的物质或结构,很多情况下会引发意想不到的副作用,而本组的 4 个原理则是利用时间方面的资源,所以副作用较少。

需要提高效率时,可以先考虑这 4 个原理,这样做不会带来任何损失。

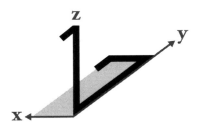

"#17 维数变化原理"

除了利用二维平面之外，还可以通过利用三维
方向，来有效利用空间。

"#18 机械振动原理"

晃动物体，或使两个物体产生共振，可以高效
地传递物质或能量。

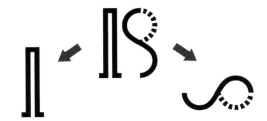

"#19 周期性动作原理"

将原本一直持续的输入或输出，改为像脉冲一
样的间歇性输入或输出，或者改为像交流电源一样
具有周期性的方式，可以提高效率。

"#20 连续性原理"

用力蹬踏之后，自行车会快速前进，同样，构
筑能够进行连续操作的系统也可以提高效率。

"#17 维数变化原理"也称多维运作原理。其思维方式是将线（一维）变为面（二维），将面（二维）变为立体（三维）。与"#14 曲面化原理"相比，该原理多用于解决与尺寸相关的矛盾，非常便于解决问题。

通过将一维变为二维来解决矛盾的实例，比较常见的是 100 格计算法[1]。这种方法可以将 100 道计算题放入一张二维表格里，解决了题目数量和答题纸面积之间的矛盾。

在商业模式框架中，也常会用到二维化方法。如果没有 SWOT 分析和 TOWS 矩阵等二维图表，我们简直无法想象应该如何进行有效的分析。

立体停车场是通过把二维变为三维，从而提高了土地的利用效率，完美地解决了希望停车的数量（物质的量）与停车空间（面积）的矛盾。高低床也是同样道理。

另外，将没有空间放置的书和文件叠放起来也是如此，而且图书的形态，也是将纸张沿着三维度方向重叠起来，从而解决了信息量与面积之间的矛盾。

向其他维度过渡并不局限于在一维、二维和三维的空间维度过渡，还包括类似在书本上添加香味、在标志上添加警示声音、在影像中增加触觉刺激，以及对价格不相上下的商品附送其他赠品等做法，这些都是转到新维度。

遇到难题时，可以试着从其他维度来尝试提高效率。从发明原理中提取的不同行业的知识，也可以看作从其他维度来提高效率的一种方式。

---

① 100 格计算法是日本的一种运算训练方法。在 11×11 的表格最左一列和最上一行分别随机填入任意 10 个数字，然后在横竖交叉空格里填写对应两个数字进行指定运算（加、减、乘、除）之后的结果。——编者注

符号是在用数字 7 构成的 xy 平面上，画上向 z 轴方向延伸的箭头 1，表示向另一维度的过渡。

没有足够的平面空间时，通常会在三维方向上寻求解决办法。通过在空中连接，可以以最短距离连接电线。

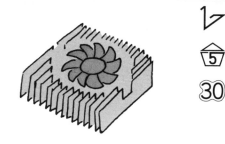

CPU 的散热器通过在三维方向上安装多个薄板，来提高冷却效率。

除了自下而上地堆积，还可以沿着从上至下的方向悬挂物品，来利用三维方向。

折纸可以用维数变化的方法制作出复杂的形状。被称为三浦折叠[1]的折叠方法，在人造卫星和太阳能电池板中得到了应用。

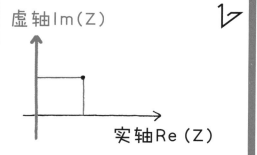

可以通过在一维的实轴上增加虚轴来设定复平面，从而用公式表示交流电源等的电磁波。

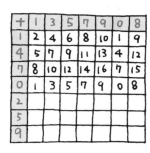

用二维的表格来表示运算练习题，将 100 道问题紧凑地收纳在 10×10 的表格当中。

　　向其他维度过渡除了将二维变为三维之外，还可以包括迄今为止没有用到的维度，有效利用电磁波的方向"#18 机械振动原理"和时间方向"#19 周期性动作原理"及"#20 连续性原理"等。

联想词语｜高度或深度方向、空中、空间、有效利用、悬挂、堆积、可逆性、矩阵化、高层化、多层化、三维化、

具体实例｜立体停车场、套盒、多层电路板、书、100 格计算法、复平面、散热器、折纸、三浦折叠法、各层功能、

---

① 三浦折叠是由日本东京大学构造工学名誉教授三浦公亮所发明的折叠技术。通过该技术可以拉开对角两端来将某些物体展开，并通过反向推入使其收缩。

符号是用 1 当作鼓槌来敲打○，使其振动起来，从而形成 8 的形状。

想要施加某种作用，又希望将其带来的弊害控制在最小限度时，有时可以采用不加入新物质，而是通过各种频率的机械振动来解决问题。

"#18 机械振动原理"是通过振动或摇晃来解决矛盾的方法。声波、超声波、电磁波、X 射线及以各种频率振动的波均可以用来提高效率。

体检时做的精密检查和孕妇需要做的超声检查都会用到超声波，利用了超声波副作用较小的特点。同样，微波炉利用高频率电磁波直接使水分子产生振动，从而可以加热食物，而且不会烧糊。

利用共振现象，可以使该原理的应用范围大大变宽。广播和电视等的播放信号及无线 LAN 等无线通信就是其应用实例。

对物质施加特定的振动，可以使其进入激发状态，发出荧光或产生激光。

此外，作为抽象意义上的振动，还可以考虑使条件发生振动。例如准备两种版本的网页来进行测试的 AB 测试，或者添加类似抽奖等随机性的情况。

在矛盾矩阵中看到"#18 机械振动原理"时，可以尝试应用能够使系统产生振动，或对其施加电磁波等方法，可能会有助于解决问题。

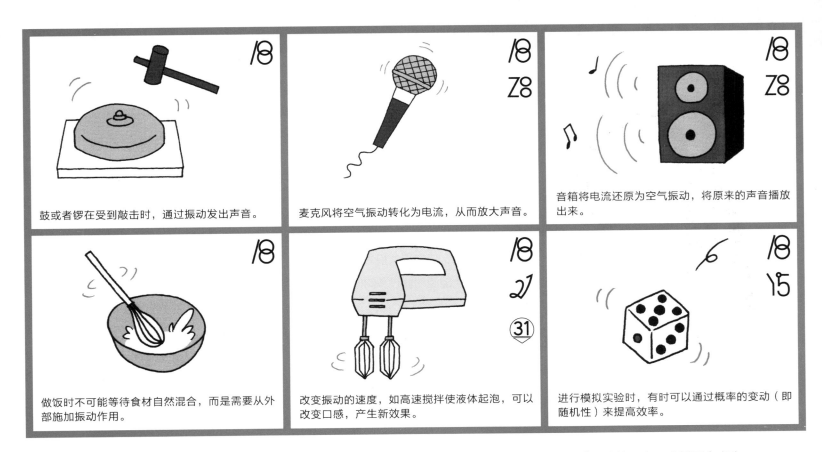

鼓或者锣在受到敲击时，通过振动发出声音。

麦克风将空气振动转化为电流，从而放大声音。

音箱将电流还原为空气振动，将原来的声音播放出来。

做饭时不可能等待食材自然混合，而是需要从外部施加振动作用。

改变振动的速度，如高速搅拌使液体起泡，可以改变口感，产生新效果。

进行模拟实验时，有时可以通过概率的变动（即随机性）来提高效率。

也可以通过将机械振动的周期缩短至电磁波的水平来实现"**#28 机械系统的替代原理**"。此外，当一味摇晃会产生外溢等副作用时，还可以通过提高振动速度"**#21 高速运行原理**"来减少副作用。

联想词语	振动、摇晃、敲击、超声波、电磁波、共振、激光、搅拌、浮动、概率、模拟实验、
具体实例	搅拌、微波炉、无线通信、广播、超声检查、模拟退火算法、搅拌机、音叉、

"#19 周期性动作原理"就像是乐队指挥的节奏和休止符。通过在连续性输出中加入周期性的休止期，或者在 On 和 Off 之间进行周期性切换，来解决问题或者添加新的功能。

符号由模仿脉冲形状的 1 和周期性正弦波以及将其消除的逆相位组合而成。

脉冲

正弦波

逆相位

制作某种全新事物时，经常会出现某种功能在被开启后一直保持开启状态的情况。这在确认功能或者研究及调试阶段没有太大问题，但在正式投入长时间使用后，就会产生能源消耗过多的问题。

如果能够周期性地打开或关闭动作和功能，就可以在保持功能的前提下减少能源消耗，从而解决功能与能源消耗之间的矛盾。

以洗衣机为例，通过周期性地旋转和停止，就会比一直保持旋转的状态更能够有效地控制能源消耗。

还有再进一步的情况，仅在需要的时候开启，不需要的时候自动关闭，添加类似脉冲的动作，这也是"#19 周期性动作原理"。具体应用实例有电暖气和空调，只有在偏离设定温度时它们才会开始工作。

在日常生活中设置周期也会更便于人们确定计划。曾经的五日市和酉市等名称中都含有定期举办集市的痕迹，如今我们也经常可以看到"每周 × 优惠"等宣传。

像这样，有意识地在连续性或者分散性过程中增加周期性作用，可以实现提高效率、控制偏差的效果。

信号灯在 On 和 Off 之间周期性切换，可以有效地引导车流。

警报器和灯塔等光线的周期性闪烁，比持续点亮更为醒目。

计算出钻石的光折射率，按照周期性图案进行切割，钻石就会自然而然地发出耀眼的光芒。

像伞架或者物质的晶体结构一样，周期性存在的牢固结构可以成为支撑整体的框架。

贝纳姆陀螺上的周期性黑白图案可以在旋转时呈现出彩色条纹。

定期举办活动，可以省去通过大规模广告等来招揽顾客的工作，效率更高。

"#19 周期性动作原理"在解决希望升高温度却不想增加能源消耗、希望满足多种要求却只有一种资源等矛盾时十分有效。虽然是间歇性提供功能，但人们只要了解其周期，就可以充分利用其休止期。

联想词语 | 间歇性、脉冲、周期性、定期、休止时间、轮询、正弦波、矩形波、花纹、图案、每月、每~、

具体实例 | 洗衣机、电暖气、空调、红绿灯、栅栏及框架、晶体结构、贝纳姆陀螺、旋转编码器、

符号是数字 20 与一辆快速行进的自行车重叠在一起的图形。

"#20 连续性原理"与之前的"#19 周期性动作原理"是相互对应的一对原理。"#19 周期性动作原理"是在连续动作中加入周期性休止状态，而本原理则是让休止后较难恢复的动作保持连续运转，从而解决问题。

"#19 周期性动作原理"适用于启动和停止切换成本较低的情况（例如微波炉），而"#20 连续性原理"则适用于切换比较麻烦的情况。

正如发明原理符号中的自行车，最开始蹬起来时需要很大的力气，但达到一定速度之后，不用十分费力便可以保持快速行进。如果有既没有信号灯也没有急转弯的自行车专用车道，就可以既快速又轻松地到达目的地。"#20 连续性原理"就是一直保持良好状态。

同样，一直保持行驶状态的还有山手线等环线地铁或者环线公共汽车。

车辆在到达终点站后，需要乘客全部下车，或者进入车库之后才能再次运行，在此期间电车无法运送乘客。而环线列车或公共汽车却可以一直运送乘客，因此效率更高。

从有效利用店铺的角度来看，便利店的 24 小时营业也是基于同样的道理。

此外，在工厂，特别是那些制造工序中涉及液体材料的化学类工厂，停止运转可能会导致材料固化，因此必须保持 24 小时连续作业。

如果你周围有开始和停止作业很麻烦的工序，首先考虑能否连续作业，以便更高效地利用时间和资源。

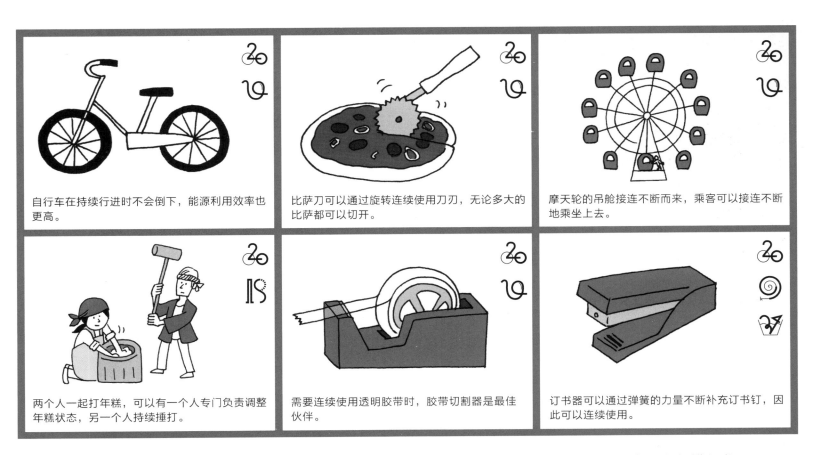

自行车在持续行进时不会倒下，能源利用效率也更高。

比萨刀可以通过旋转连续使用刀刃，无论多大的比萨都可以切开。

摩天轮的吊舱接连不断而来，乘客可以接连不断地乘坐上去。

两个人一起打年糕，可以有一个人专门负责调整年糕状态，另一个人持续捶打。

需要连续使用透明胶带时，胶带切割器是最佳伙伴。

订书器可以通过弹簧的力量不断补充订书钉，因此可以连续使用。

"#14 曲面化原理"和"#19 周期性动作原理"是实现连续性较为常见的方法。另外我们也经常可以看到像订书器一样利用弹簧的"#9 预先反作用原理"的情况。

联想词语 | 一直打开、无休息日、无线、连续作业、防止浪费、继续、接连、总是、循环、旋转、

具体实例 | 24 小时营业、山手线地铁、环线公共汽车、连续扫描、自行车、打年糕、两人合作的输入作业、

发明原理观察
"高效化"的 4 个原理
▸▸▸ 人体

让我们再次把自己的身体想象成创意的工具箱，从中寻找"高效化"的 4 个发明原理吧。

首先从"#17 维数变化原理"开始。耳朵突出于圆形的脸部之外，可以看作把收集声音的装置转移到头部球体外部的其他维度。

另外，吸收营养的小肠为了扩大能够吸收营养的面积，在一维结构的肠道里添加了褶皱的三维方向结构。

消化器官中，胃把食物和胃酸搅拌在一起，肠道通过蠕动把食物一步一步向前运送，这些都是"#18 机械振动原理"

发挥了重要作用。

最能体现"#19 周期性动作原理"的典型器官，自然是心脏。心脏如果像马达一样持续运转来实现血液循环，会耗费过多的能量，但也不能毫无规律地一会儿停止，一会儿跳动。通过周期性的鼓动来输送血液，可以消耗相对较少的能量，实现血液循环。

对比蜥蜴和恐龙等体温随外部气温变化而变化的变温动物与人类等恒温动物之间的差别，可以更好地理解"#20 连续性原理"。

变温动物会根据气温的变化来调整自身的活动范围和活动时间。虽然这样能够提高能量利用效率，但它们会由于自己无法控制的因素而陷入无法自由行动的状态，这在生存竞争中十分不利。

而恒温动物虽然能量利用效率不高，但是能够一直连续地进行活动。

虽然能量利用效率稍有逊色，但是比较爬虫等变温动物的产卵数量和哺乳类恒温动物所生的幼仔数量，可以发现恒温动物的生存概率（种群延续的效率）更高。

与"变形"的 4 个原理相比，不进行抽象化总结就很难发现本组原理的作用。有意识地探索"高效化"的 4 个原理，会让人不得不感叹人体进化水平之高。

首先是车内，充分应用了"#17 维数变化原理"，将有限的空间有效地用作广告空间。

悬挂广告不满足于车厢壁上的二维空间，还开发出了新的三维平面。不仅如此，广告本身也不再仅局限于二维纸张，出现了越来越多的三维广告形式，例如使用全息投影广告在相同面积上展示更多信息，或者给广告附赠包装容器等。此外还有着眼于"车厢外侧"的车体广告等形式，既是向另一维度过渡"#17 维数变化原理"，也是"#13 逆向思维原理"。

然后是车内的广播。乘务员的广播到达我们的耳朵之前，要先后经历发声、麦克风、电流、扬声器，直至耳朵的一系列"#18 机械振动原理"。

中途发生列车晚点等情况时，会收到铁道公司调度部门通过无线通信发来的信息。这种信息传递是通过周期不同的电磁波在空气中传播，与列车里的天线产生共振而实现的。

除了无线通信以外，列车还会接收驱动电车的电力。电力是电位高低呈周期性变化的交流电，与电位一直较高的直流电相比衰减少，能够利用"#19 周期性动作原理"实现无损耗运输。

山手线等环线线路都体现了"#20 连续性原理"。取消终点站，可以提高车辆及乘客的连续性。环线线路同时也应用了"#14 曲面化原理"。

此外，快车和特快列车的最高时速其实与各站均停车的普通电车是一样的，只是没有停车产生的时间损失，因此能够比各站均停车的慢车更快到达目的地。这也是"#20 连续性原理"的应用实例。

我曾经听说过很多情况下，划时代的问题解决方法和发明都是经过夜以继日的不断思考，与之前被认为毫无关联的现象建立起联系，才最终取得意想不到的结果的。

同样，有意识地应用 TRIZ 发明原理，即使是在拥挤不堪的上下班的电车里，也可以不断思考解决问题的方法。

我们遇到真正需要解决的问题时所体现的正是"#20 连续性原理"。

如果将容易产生创意的"三上"中的"马背上"，或者"3B"中的"Bus"套用到现代的环境当中，应该是相当于乘坐电车的时间。只要你愿意，上下班时间也可以变成高效的创意时间。

"高效化"的4个原理 ▶▶▶ 烹调器具

(a) 使用微波炉加热
➡ [发明原理　　　　　]（提示：通过电磁波使水分子产生振动）

(b) 使用微波炉的"低火"解冻
➡ [发明原理　　　　　]（提示：通过重复加热1秒，停止2秒的过程来实现）

(c) 利用水蒸气加热的新型微波炉
➡ [发明原理　　　　　]（提示：使用了之前没有的原理）

(d) 电热水壶可以随时倒出热水
➡ [发明原理　　　　　]（提示：关键是"随时"）

(e) 电热水壶采用了叠层保温瓶的结构
➡ [发明原理　　　　　]（提示：虽然接触热水的是表面，但是其内部……）

(f) 电热水壶的保温功能
➡ [发明原理　　　　　]（提示：反复进行短时间加热以保持温度）

(g) 热水壶使用电使水沸腾
➡ [发明原理　　　　　]（提示：通过使水分子产生振动来让水沸腾）

一直以来，厨房中都少不了微波炉和电热水壶。

本次练习就从这两种电器中探寻"高效化"的4个原理。

加热某种物质，其实就是使构成该物质的细小颗粒（分子）产生剧烈振动。ⓐ微波炉的原理是通过电磁波使水分子（细小颗粒）振动，实现加热，这正是"#18 机械振动原理"。

ⓑ大部分微波炉都具有"低火"功能。该功能可以将 600W 的微波炉作为 200W 的微波炉使用，实际上就是通过重复 600W 的电磁波放射 1 秒，停止 2 秒的过程而实现的。这是"#19 周期性动作原理"的一个很好的例子。

通过这种"将某种输出间隔性地接通或者切断"的不同组合，微波炉可以实现对冷冻品进行解冻，或者加热根茎类蔬菜等功能，各公司的产品虽各有不同，但这些差异化要素很快就消失了。

于是，微波炉又出现了新的做法，是ⓒ"水蒸气加热"。虽然抽象了一些，但这种做法仍然可以看作是"#17 维数变化原理"的一种应用。

接下来是电热水壶。需要使用热水时每次都用水壶烧水很费事。ⓓ热水壶能够随时提供热水，这是"#20 连续性原理"的一个很好的例子。

制作使热水不易变凉的容器时，人们会立刻产生将表面积这个二维概念尽可能缩小的想法。

ⓔ保温瓶通过在垂直方向上层叠隔断空气的保温层来实现保温效果。将热传导的问题看作三维现象，而不是二维现象，这也可以说是有效利用"#17 维数变化原理"的实例。

这个问题可能有些难度，在考虑其中用到的发明原理时，可以考虑"如果没有眼前的做法，将会是怎样的"，这是一个窍门。

ⓕ电热水壶里的开水总是热的，这是因为通过保温功能，一直保持烧开的水的温度。

该功能也与微波炉的"低火"功能一样，是通过"缩短加热功能的时间，并且周期性进行"而实现的，因此也可以说是"#19 周期性动作原理"的例子。

ⓖ无论是保温功能还是煮沸功能，都是通过电的能量使金属分子产生振动而实现的。虽然肉眼看不到这种振动，但也属于"#18 机械振动原理"。

在解决问题的间隙，利用喝咖啡的时间，观察一下电热水壶，也可以从中看到发明原理。

家用电器中包含各种各样的类似方法。特别是为了减少能量消耗，各厂商的工程师们此时此刻也正在绞尽脑汁，反复进行试验。

学会"高效化"的发明原理，就可以利用不同领域工程师们的创意，来帮助自己解决问题。

如果不同厂商的工程师都掌握了发明原理，相信他们就可以更有效地交流彼此的创意，更好地解决问题。

最后，请从"高效化"的 4 个原理中选择您最喜欢的一个发明原理。

"＿＿＿＿＿＿原理"

TRIZ 延伸：
进化法则
(Prediction)

趋势（10）　几何学式进化（线性）（←向另一维度过渡"#17"的顺序）

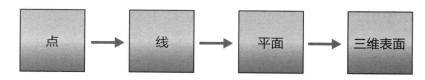

趋势（14）　调整节奏（←"#18"和"#19"的技巧组合）

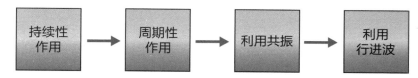

对于本章介绍的"#17 维数变化原理"，阿奇舒勒在对大量专利进行调查研究之后，还发现了其向另一维度过渡的顺序。

TRIZ 把这种改进的历史称为"**进化法则**"，现在已经归纳出 31 个趋势。

例如，趋势（10）是指按照从点到线，到平面，再到三维表面的顺序进化。

还有，例如根据趋势（14）调整节奏，对使用"**#19 周期性动作原理**"的系统进一步考虑利用"**#18 机械振动原理**"，

则有很大可能会带来突破。

顺便说一下，TRIZ 将"突破"表达为"**超越技术进步的 S 曲线**"。

此外，TRIZ 还将进化法则比喻为预言，把它当作分析技术进步的 S 曲线的工具，将其称为 TRIZ-Prediction。

虽然所有的进化法则已经被归纳为

31 个趋势，但如果要做详细介绍，恐怕还需要一本书的篇幅。不过进化法则也与发明原理相同，都是从大量专利申请中提炼出来的。我们如果能够掌握 40 个发明原理，使其成为自己的语言，那么学习进化法则也应该会更容易一些。

下面介绍发挥发明原理的中介作用，降低学习门槛的"无害化"分组。

Most people spend more time and energy going around problems than in trying to solve them.（大多数人都把时间和精力浪费在了回避问题上，而不是尝试解决问题。）

——亨利·福特

技巧系列
第 6 组
无害化

"无害化"的 4 个原理"#21 ～ #24"可以在系统的主要功能开始运行，或者试运行等测试阶段发生弊端时发挥作用。

TRIZ 中将以实现主要功能为目的的作用称为有益作用，将弊病视为与有益作用相矛盾的有害作用。技巧系列中的第 3 组发明原理对消除有害作用具有重要意义。

这些发明原理大多可以在产品初见雏形、噪声或副产品等问题开始显现出来时迅速发挥作用，效果显著。

顾名思义，"#21 高速运行原理"是为了实现无害化，而在危害变得严重之前结束工作的原理。

"#22 变害为利原理"将弊端与有益的部分进行组合，符号是体现了阴阳轮转的阴阳太极图。

"#23 反馈原理"会反馈能够降低有害作用的情况，符号是把 3 的末端延伸至 2 的前面，表示反馈情况的状态。

"#24 中介原理"能够通过设置缓冲来弱化有害的作用，符号是在 24 的上面画一个 M（Mediator，中介物），表示设有垫布。

"#21"高速运行，迅速敲打下面的圆柱体，达摩摆件 ① 就不会翻倒（无害）

① 是一种玩具。在一节一节摆上去的扁圆柱的最上面放上达摩摆件。横着击打下面的圆柱，不能使上面的达摩摆件倒下来。成功的关键是敲打圆柱的速度要快。——译者注

工序　　　工序　　　工序
1 → 2 → 3

"#22"旋转符号，
象征由阴生阳，变废为宝

"#23"工序 3 的结果反馈回来，
可以使工序 2 变得更顺利

"#24"熨斗的垫布
就是中介物的例子

快速进行有破坏性、有害或者危险的操作。"#21 高速运行原理"利用了用量或时间较少，则不会产生危害或危害很少的原理。

符号由表示用细竹条弯曲而成的数字 2 和表示高速行进的 1 组合而成。

通过快速行动来减少危害的典型实例是医院的 X 光检查。长时间照射 X 光等放射线会损伤 DNA，危害很大。但 X 光拍摄通过将 X 光的照射时间控制得极短，几乎不会产生危害。

注射器针头的前端做得非常锋利，使注射的疼痛只有一瞬间，这也是一种快速行动。

从尽可能缩短痛苦时间的角度来看，加快网页的反应速度、缩短服务的维护时间等，尽量缩短顾客的等待时间在商业活动中十分重要。

发明原理符号中的细竹条也是如此，用蜡烛的火苗轻轻烤软，在竹条烧焦或起火等有害作用发生之前离开火苗，从而消除危害。

除此之外，还有很多通过以高于有害作用发生的速度执行反向作用来防止有害作用的方法。

例如探索宇宙空间时，火箭通过高速喷射燃烧产生的气体，消除重力的有害作用，从而飞往宇宙空间。

经常会听到有人催促"快点"。的确，通过快速行动可以化解大部分有害作用。

这个原理值得我们首先来讨论和尝试。

快速击打下面的圆柱体，达摩摆件就会垂直落下。这个方法最能帮助我们理解迅速行动的原理。

要保持眼球润泽，一直闭着眼睛又很危险，而瞬间的眨眼则不会产生危害。

电影通过在 1 秒钟内播放 24 帧静止画面，为人们展现出连续动作的画面。

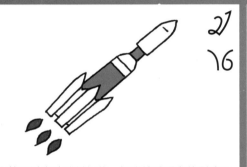

火箭通过高速喷射气体，摆脱地球重力的影响飞往宇宙。

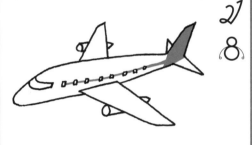

飞机通过高速前进来实现升力与机体重量的平衡。

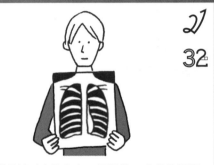

放射线虽然对人体有害，但类似 X 光片的极短时间则影响甚微。

　　快速行动虽然可以减小有害作用的影响，但是高速振动会产生电磁波，或者由于周围媒体而产生声波或冲击波，产生某种副作用。反过来有效利用这些副作用也可以算作该原理的一种应用方法。

联想词语 瞬间性、瞬间、短时间、微量、轻微、可忽视、

具体实例 速冻、X 光、注射、牛奶杀菌、竹条工艺品、眨眼、火箭、飞机、抽打达摩摆件游戏、

符号是由两个 2 组合而成的阴阳太极图。

"#22 变害为利原理"顾名思义，就是把巧妙利用有害物（祸），将其转化为有益物（福）。根据具有相同含义的"祸兮福所倚，福兮祸所伏"，把这个原理简称为"祸福原理"，可能会更便于记忆。

变害为利大致有三种方法。

第一种方法是利用周围的环境或资源去除有害物质，或者改变有害物质，只留下有益物质。例如把不太新鲜的肉或鸡蛋彻底加热之后再食用。

第二种方法是使有害动作与其他有害动作相互抵消，从而解决问题。

例如药物。人们常说："甲之良药，乙之砒霜。"对于健康的人来说，药物可能会有毒（有害作用），但如果能使其与疾病（有害作用）进行对抗，就可以转化为有益作用。国家之间互通贸易，销售本国用不完的商品也是这个道理。

第三种方法是把那些数量很少时是有害物质，但累积起来可以成为有益物质的东西收集起来。

例如，单纯的铁屑或空罐是垃圾，但是把它们收集起来就可以成为资源。智能手机应用程序等将用户的碎片时间有效地聚拢起来，并从中获得收益。

该原理非常有效，将原本有害的作用变害为利，不仅可以实现去除危害，还能够增加有益作用。如果发现了有害作用，可以应用这些方法，有意识地进行外力转化，让有害作用相互抵消或者将其收集起来。

牛奶盒收集起来可以成为资源。都是同样质地的纸张更便于回收。

垃圾焚烧厂旁大多建有游泳池，利用焚烧垃圾产生的热量来加热冷水。

大豆因为太硬无法直接食用，但是通过煮熟、过滤、发酵等工艺可以制造出各种食品。

正确去除河豚的有毒部分，即可尽情享用美味。

即使是有毒物质，合理运用少量便是药物。也有些药物的主要效果就是其副作用产生的。

生病时发烧可以抑制细菌或病毒繁殖。

"#2 分离原理""#33 同质性原理"有助于有效利用副产品。另外，通过"#16 不足或超额行动原理"或改变状态"#35 ～ #39"，有时也可以将有害作用转化为有益作用。

联想词语 | 重生、转世、相抵、甲之良药乙之砒霜、对抗、贸易、积少成多、副产品、回收、发酵、加热、加工、

具体实例 | 药物、调料、烹饪河豚、用苹果催熟、废品、用间伐材制造的产品、垃圾分类、

"#23 反馈原理"是将后续工序中发生的情况告知前面的工序（反馈），在此基础上调整输出，防止已发生的危害继续扩大，或者消除危害，更好地改善状况。

符号是把 3 的下半部分伸展至 2 的前面，表示反馈。

在工序 2 的前面　　反馈工序 3 的结果

反馈的具体实例多见于机械系统。例如制冷设备，通过反馈室内温度，防止过度制冷。汽车的自动变速箱也会收到车辆的速度及发动机扭矩等各项数值的反馈。

商务活动中会通过顾客问卷调查来反馈结果，向上司"汇报、联系、商量"时也会获得反馈，便于下一步工作。

反馈的方法还可以按照以下顺序进一步发展（根据 31 个进化法则）。

　　i. 无反馈

　　ii. 直接反馈

　　iii. 通过中介物反馈

　　iv. 伴有智能处理的反馈

让我们以暖气设备为例来考虑这个过程。

i. 不论室温高低，一直保持运行状态。ii. 仅反馈当前的室温，当室温低于设定温度时开启开关。iii. 除室温以外，还会反馈湿度或其他设备的运行状态。iv. 在此基础上，反馈伴有此种智能处理的内容，如根据时间的变化和经过，预测接下来的情况等。

iii 阶段的反馈为本原理与后面的**"#24 中介原理"**组合而成的组合技巧，iv 阶段为本原理与更后面的**"#25 自服务原理"**组合起来进行反馈。

掌握进化法则，就可以创造出比现有的反馈高出一个级别的"自动无害化系统"了。

驾驶员踩了急刹车时，汽车会根据轮胎的反馈控制车轮，防止打滑。

利用紧急停车按钮等通知站台工作人员也是一种反馈。

对气象信息或天气预报加以反馈，提前准备雨具，或者调整计划，从而减少天气带来的影响。

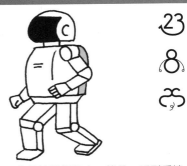

双足行走机器人保持平衡姿态，就是一系列反馈控制的过程。

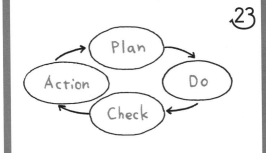

改善活动中提到的 PDCA 循环也很重视反馈。

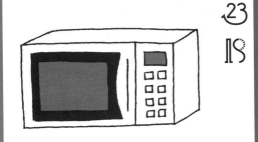

现在出现了可以反馈箱内温度，据此进行加热的微波炉。

　　当今大多数通过微计算机控制进行工作的物品中都装有反馈控制。我们经常可以看到保持平衡的"#8 配重原理"和出于安全考虑的"#11 预先防护原理"的应用实例。

联想词语 控制、交叉检查、参考状态、传感器、调整前后关系、问卷调查、汇报（联络、商量）、预报、侦察、

具体实例 机械控制、通知按钮、警报装置、空调、一定速度、PDCA 循环、

24 中介原理

Intermediary

"#24 中介原理"是在直接作用会发生某些有害作用的情况下，通过利用中间工序、暂时增加其他物品等方式，引进适当的中介物，实现无害化。

符号是在 24 上面盖着 M（既是中介物 mediator 的首字母，也是 3），在连接 2 与 4 的同时，也使 4 的尖部更平滑。

从"#24 中介原理"可以联想到很多使作用变得更为缓和的中介物。例如熨斗的垫布，能够在熨斗和衣物中间起到减轻有害作用的效果。

与负责人直接处理顾客投诉相比，由客服部门从事这个工作效果会更好。必要时请律师介入也是同样的道理。

物质之间也同样适用这一原理。例如有些中介物能够把通常无法混合在一起的水和油连接起来。用油和醋做成沙拉汁，在经过一段时间之后，油和醋就会分开，而蛋黄酱却可以一直保持混合状态。这是因为沙拉酱中的蛋黄起到了连接醋和油的中介作用（乳化剂），从而消除了两者分离的有害作用。

那么哪些物质可以成为恰当的中介物呢？

中介物必须符合两个条件：A. 在需要时可以迅速达成目的；B. 不需要时不会成为障碍或者可以立即排除。

例如洗涤剂。在清洗衣物时与水和污垢（油分）结合在一起，在漂洗时脱离衣物。

眼镜也可以在外界与眼球之间起到中介作用，能够帮助视野变清晰，同时还具有便于佩戴和摘取的特点。

找到其他具有此类特征的物品，将其作为第三种物质放在会产生有害作用的两种物质之间试试吧。

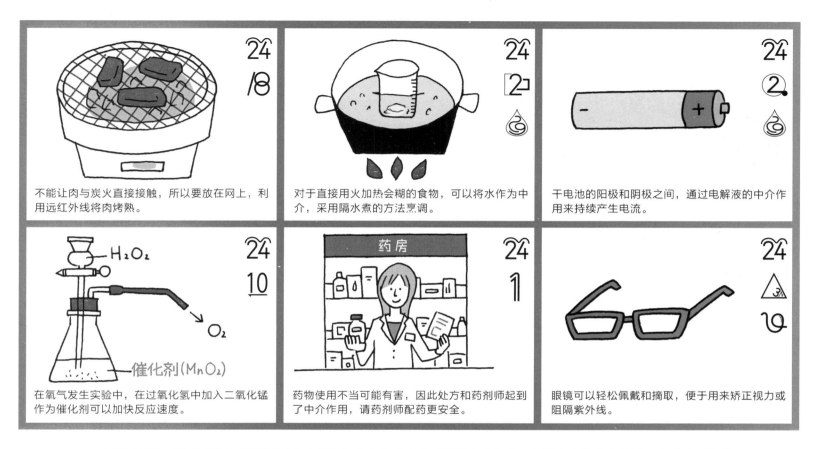

不能让肉与炭火直接接触，所以要放在网上，利用远红外线将肉烤熟。

对于直接用火加热会糊的食物，可以将水作为中介，采用隔水煮的方法烹调。

干电池的阳极和阴极之间，通过电解液的中介作用来持续产生电流。

在氧气发生实验中，在过氧化氢中加入二氧化锰作为催化剂可以加快反应速度。

药物使用不当可能有害，因此处方和药剂师起到了中介作用，请药剂师配药更安全。

眼镜可以轻松佩戴和摘取，便于用来矫正视力或阻隔紫外线。

　　直接作用会产生危害时，可以通过在中间添加中介物的方式来缓和有害作用。使用水来做中介的话，由于"#29 流体作用原理"，不仅可以在二者间自由出入，而且价格便宜，可以用过即扔"#27 一次性用品原理"。

联想词语｜催化剂、酶、媒介、中介物、窗口、中间工序、中间携带物质、缓冲、缓存、煮、佩戴和摘取、

具体实例｜网、煮东西的热水、隔水蒸、洗涤剂、乳化剂、眼镜、酶、二氧化锰、熨斗的垫布、缓冲液、缓冲地带、设计模式之中介者模式、

发明原理观察
"无害化"的 4 个原理
▸▸▸ 人体

我们还是采用老办法，在人体中寻找"无害化"的 4 个原理"#21 ~ #24"。

首先是"#21 高速运行原理"，其实就在现在这一瞬间，我们的眼前就存在这个原理，你知道是什么吗？

对，就是眨眼。眼睛如果一直睁着会变干燥，甚至导致组织干燥，但是又不能一直闭着眼睛。于是，我们就通过眨眼的动作，使闭眼的时间只有一瞬间，借此实现无害化。

"#22 变害为利原理"可以举出发烧的例子。发烧很难受，但发烧产生的热对体内的细菌和病毒也会产生危害。对细菌繁殖这个有害作用，施加发热的有害作用，消除细菌的危害。

稍微有些疲惫，或者工作日有事时，如果碰巧有些发烧，就可以以此为借口向公司请假。这也算变害为利吧。

"#23 反馈原理"体现在人体恒温性这个性质上。

如果气温升高，人体感到体温过高，就会加以反馈，通过流汗等方式来降低体温。反之感到体温过低时，身体就会以发抖的方式来提高体温。

此外，脱掉衣服或者穿上衣服，想喝冷饮或者想喝热饮，这些都是感觉器官将信息反馈给大脑的结果。饱腹感和空腹感也是如此。

人体发生的化学反应中，也有一些利用了会对人体有害的活性氧类物质。

包含活性氧的反应会通过酶的"#24 中介原理"进行，或者"#21 高速运行原理"进行反应，从而消除危害。

此外，还有些反应的副产品（有害作用）之间会发生新的反应"#22 变害为利原理"，或者利用离子通道的"#23 反馈原理"来调整反应速度。

在人体的小宇宙中，数不胜数的分子和化学反应之间，在提供有益作用的同时，也以各种形式对其产生的有害作用进行无害化处理，具有在工业流程中无法想象的节能性和健全性。

以此为参考，如果能够在其他生物中也提取到发明原理，人们大概就可以实现更高水平的生物模仿技术了。

发明原理观察

"无害化"的 4 个原理

▶▶▶ 上下班的电车

下面来看上下班的电车中的"无害化"。人们可能觉得上下班的电车充满了有害作用，但实际上它已经消除了相当一部分的危害。

首先是乘坐电车时的自动检票口。由于 IC 卡的反应很快，轻触一下即可感应，所以检票机前的队伍不会排得很长。这是 **"#21 高速运行原理"**。

然后是乘上电车后的通勤时间。顺利的话也要 1 小时，这段时间虽然很痛苦，但也可以成为繁忙的日常生活中宝贵的阅读时间。这是通过投入其他资源（这里是书）来实现 **"#22 变害为利原理"**。

大家乘坐电车时，一定听到过"由于后续电车晚点，本站需要调整运行时间"的广播，当然，这就是接到运行情况的反馈后采取的对策，是 **"#23 反馈原理"**。

这样可以消除列车运行间隔过大的有害作用。

那么为什么首都圈的人们都要依靠电车上下班，而不是开车上下班呢？

因为在首都圈内，电车是一个很好的中介物，符合移动时间短、可以立即乘坐，到达目的地后可以立即下车的条件。这是 **"#24 中介原理"**。

但如果公司位于郊外，每小时只有 1 趟电车，而停车场车位充足的话，那么最适合扮演中介物角色的就会是汽车，而不是电车。

怎么样？根据发明原理来考虑这些上下班过程中经常看到、听到的情况，就会找到很多线索来解决当时遇到的问题。

据说日本的铁路系统是申奥成功的关键因素，能以世界第一的准确性运行，其中自然汇集了很多智慧。如果只把它作为单纯的运输方式，而不是解决问题、创造价值的方式岂不是太浪费了吗？

"无害化"的4个原理 ▶▶▶ 天妇罗

(a) 用油炸制
➡ [发明原理　　　　　]（提示：使食材不直接接触火）

(b) 把长筷子放入油中确认火力大小
➡ [发明原理　　　　　]（提示：根据长筷子冒出气泡的多少来调节火力大小）

(c) 沾上面糊
➡ [发明原理　　　　　]（提示：使食材不会直接接触油）

(d) 短时间迅速炸制
➡ [发明原理　　　　　]（提示：炸制时间过长的话会怎么样？）

(e) 用楤木芽和蜂斗叶做的天妇罗很美味
➡ [发明原理　　　　　]（提示：通过加热来去除苦味）

(f) 胡萝卜的β–胡萝卜素易溶于油
➡ [发明原理　　　　　]（提示：胡萝卜的β胡萝卜素易溶于油）

(g) 将天妇罗碎渣收集起来做成另一道菜
➡ [发明原理　　　　　]（提示：将无用的东西变为有价值的东西）

　　这次我们以天妇罗为例来看一下"无害化"的4个原理。

　　天妇罗与牛肉寿喜锅、寿司齐名，是最具代表性的日本料理之一。

　　如果将食材直接放在灶台的火上烤，有的部分会烤焦，有的部分会烤不熟，出现各种不良情况。

　　特别是海苔和紫苏等食材，直接接触火苗会立刻烤焦，而做成天妇罗则可以享用到其美味。

　　其实炸制天妇罗的过程，包含了去除伴随加热产生的副作用的"无害化"的全部4个发明原理。我们可以一边想象用海苔或紫苏制作天妇罗的过程，一边思考这个问题。

　　炸天妇罗时，首先ⓐ向锅里倒油并开始加热。以油为中介物来缓和温度，可以使其更易于控制。这是"#24 中介原理"。

　　ⓑ为了调节油温，可以把长筷子伸进油里，根据筷子上冒出的气泡状态来改变火力大小。因为是先观察气泡的多少，然后去调节能够引起其变化的火力

大小，所以是"#23 反馈原理"。

此外，借助长筷子中的空气、水蒸气遇热在油锅中产生的起泡，来观察到肉眼无法看到的温度，所以也可选择"#24 中介原理"。

ⓒ在海苔和紫苏等食材外面裹上面糊。如果直接放入180℃的油中，海苔就会缩小，而裹上面糊可以防止其缩小，而且不易炸焦，口感也更好。这也可以看作"#24 中介原理"。

还有一个窍门，面糊过去一般都是以面粉为主，如果在其中加入蛋黄酱，则可以炸得更酥脆。这是充分利用蛋黄酱的"#24 中介原理"，将水分较多的食材、面粉和油调和到一起。

虽然油和面糊是中介物，但是如果长时间处于高温还是会糊。为了避免此类情况发生，ⓓ需要很快从油里捞出来，

这是"#21 高速运行原理"。

另外，作为春季的时鲜，生的楤木芽和蜂斗叶会有一些苦味和涩味，无法食用。但是ⓔ做成天妇罗的话，其涩味就会消失，苦味也会减轻，可以变成恰到好处的美味。这可以看作是"#22 变害为利原理"。

ⓕ接下来是胡萝卜天妇罗。胡萝卜中的 β - 胡萝卜素是一种脂溶性物质，不易溶于水，但是会溶于油。做成天妇罗等含油较多的料理，可以使 β - 胡萝卜素更好地被人体吸收。此时油也属于"#24 中介原理"。

还有炸天妇罗时，油里的面渣会越来越多。ⓖ如果量少的话只能作为废料，但是达到一定量之后就可以用于其他菜品，加在乌冬面里，或放在大阪烧上（一种日式蔬菜煎饼）。此为"#22 变害为利原理"。

最后，请从"无害化"的 4 个原理中选择您最喜欢的一个。

"＿＿＿＿＿＿＿原理"

TRIZ 延伸：
最终理想解
（IUR）

前面介绍了实现"无害化"的 4 个发明原理。

事实上，很多情况只是停留在"降低"有害作用的阶段，但我们还是应该以实现"无害"状态作为目标。

TRIZ 中也包含这种思维，即以"无害"为目标，而不只是求"降低"，不计成本和技术限制、单纯追求理想的"**最终理想解（Ideal Ultimate Result）**"。

设计、开发或者企划部门有时会设定"低××"的目标，但这种目标恐怕无法获得革新性的解决方法。

因此，有时应该具有追求最终理想解的思维，把目标设定为"零××"，而不是"低××"。迄今为止，工厂等正因为设定了垃圾零排放的目标，而不是减少垃圾排放，才得以提出划时代的方案。另外，实现低价和实现免费需要完全不同的途径，因此创意的范围也要变得更宽。

这样一来，通过最终理想解，我们就可以摆脱常会遇到的那些只是改善当前问题的解决方案，转而从应该实现的状态出发，彻底从源头解决问题。问题的解决也会由此产生更多的现实效益。

市场营销界中经常引用的一句名言是："用户需要的不是一台钻孔机，他们需要的是墙上有几个孔"，可以说这句话与最终理想解是属于同一方向的。

目前，云服务行业里正发生着与此类似的情况。迄今为止，购买计算机的用户真正想要的并不是计算机这种商品，而是计算机或网络服务器所带来的方便。

还有一个例子，洗涤剂公司就"洗涤剂的未来"思考其最终理想解，得出的结论是"不会脏的衣服"，这是以往做法的延长线上从未有过的创意。

"不会脏的衣服"在设计上是一个非常重要的观点，它考虑到了系统维护的省力化。下面介绍的便是有利于"省力化"的 4 个发明原理。

杂草是什么？

它是优点尚未被发现的植物。

——拉尔夫·沃尔多·爱默生

技巧系列
第 7 组
省力化

接下来介绍技巧系列的最后一部分，所有原理中的第 7 组："省力化"的 4 个发明原理。

"#25 ~ #28"发明原理的关键词是"省力化"，其要点是减少损伤和消耗，省去维护作业。

特别是在系统完成之后，需要降低运行成本时，这一组的发明原理可以发挥重要作用。

"省力化"组包括自行修复破损或消耗的"#25 自服务原理"，通过使用代理来避免自身损耗的"#26 替代原理"，通过将易消耗部分做成一次性用品这种方式保持全新状态的"#27 一次性用品

原理"，以及使用电磁波等不会产生物理损耗的工序代替机械结构、直接消除易磨损部分的"#28 机械系统的替代原理"。

最后的"#28 机械系统的替代原理"常可以使产品从当前的状态上升一个级别，可以找到很多可以称为"革新性发明"的具体实例。

40 个发明原理中的技巧系列将就此告一段落。"#29 流体作用原理"之后的发明原理为材料方面的原理，会更为具体或者对象更明确。

"#25 自服务原理"
符号表示从由 2 和 5 组成的反应器中自动排出反应物和垃圾的情形。

"#26 替代原理"的例子之一是使用数值代替相关信息。

例如该发明原理的符号，用数字 26 来表示共有 26 张纸，这样可以比直接画出 26 张纸更节省空间，也更易于理解。

"#27 一次性用品原理"的代表性实例是方便筷。

把 2 画成直线形状，最能体现出方便筷的形象！

在缺水的地方，或者人数众多时，这一发明原理可以发挥作用。

"#28 机械系统的替代原理"的第一步是使数字 8 中原本连在一起的部位相互分离。然后再进一步分离，变为

将其重新排列，就变成了：

IIIOO

二进制中的 11100 就是 16 + 8 + 4 + 0 + 0 = 28。

通过数字化处理使原本连在一起的部分相互分离，但同时仍然保留原本的功能（此处为 28）。

自服务原理

"#25 自服务原理"，顾名思义，指自己来做。能自动执行所有动作是最理想的，不过只要先考虑自动整理，就可以涌现出各种创意。

符号表示从由 2 和 5 组成的反应器中自动排出垃圾的情形。

在使用会议室之后，使用者需要主动将物品恢复原来的状态，以便下一个使用者可以舒适地使用。引进相同机制的就是"#25 自服务原理"。

"光触媒"是该原理在物质领域的一个例子。紫外线照射到物体时，就可以将表面的污垢（主要是皮脂污垢）氧化分解，即通过自我清洁实现省力。

除了恢复原本的状态以外，减少使用资源也是自服务原理的一种体现。具体实例有智能手机等智能设备可以自动进入休眠状态等。

该原理与"#9 预先反作用原理"比较容易配合使用，后者中介绍的卷尺

在放手后会恢复到原来的状态，这也可以说是"#25 自服务原理"。

此外，还可以与"#22 变害为利原理"组合使用。通过有效利用自然产生、被人们不经意间废弃的资源，有时可以产生划时代的发明。

例如被褥。无须使用特别的取暖设备，靠人的体温就可以自动变暖和。像这样自然而然的道理有时反而容易被人们忽视，有意识地从发明原理的角度来思考，就可以发现很多隐藏的创意。

智能手机自动进入休眠状态，不用特意费事即可实现省电的效果。

只要有一台自动售货机，就可以实现 24 小时无人售货。

在鱼缸里放入足够的水草，可以自动补充氧气。

难以架设电线的场所，可以使用太阳能发电，大幅实现省力化。

用光源照射氧化钛，可以产生活性氧，进行自我清洁。

提前准备好网绳，植物就会依靠自身的力量向上生长，形成绿色的窗帘。

利用该原理，可以使系统保持良好状态，有时还有助于 **"#20 连续性原理"** 发挥作用。此外，如果能够产生电力，有时还具有可以省去配线工序、简化系统的良性副作用。

联想词语 原状、自动、自我XX、清洁、回收、废弃物、省力化、自动化、循环、环保系统、

具体实例 光触媒、自动关机、利用余热、自动售货机、自我清洁、生物菌、计算器的太阳能电池、被褥、植物窗帘、

替代原理

"#26 替代原理"也称复制原理。如果原件使用不便、价格高昂或者容易损坏，可以使用价格便宜的复制品来代替，从而防止原件的损坏或消耗，使用起来更为轻松。

提交驾驶证或者保险证的复印件，这可能是我们身边最常见的 **"#26 替代原理"**。

另外，除了复印件，照片也属于 **"#26 替代原理"**。带照片的菜单和相亲照片等，比较实际物品或者本人需要花费较多成本或劳力的场合，这个原理则可以大显身手。

此外，还有只利用特性值的方法。例如，橡胶糖、水果糖等体积较小的糖果含量经常采用"内含△△ g"而不是"内含○○个"的形式，这是因为称量重量要比计算个数更为简单，因此用重量代替了个数。

对于那些由于太高而无法直接测量高度的山峰，可以通过测量到山脚的距离和角度，利用三角测量法解决问题，这也是通过 **"#26 替代原理"** 实现的省力化。

还有反复通过代替的过程发展而来的汉字，也属于这种情况。最初用图画来表示（代替）实际事物，然后用象形文字来代替图画，之后再进一步创造出了汉字代替象形文字。归根结底，文字、词语以及语言结构，都可以说是替代现实的产物。

掌握能够满足目的的最小限度的特征，只复制这些部分来使用的方法，可以有效防止对象物以及包含对象物的整个系统的消耗及磨损，使其无须维护。

把 26 写在方框里，在右下方重叠相同的方框，用数字 26 来表示"共有 26 张纸"。

建筑物无法复制，可以用图纸或数值代替建筑物来制订计划。

无法将实物带回家，可以拍摄照片代替。

无法直接见面时，可以通过电报或鲜花等替代品来传递感情。

母亲节快乐！

无法计算个数时，可以用重量代替。如果用"粒"来计算砂糖，恐怕我们永远也做不出点心。

婴儿用的玩具是实物的替代品，即使坏了也没关系。

在很难全面检查婴儿的身体状况时，可以先测量体温来代替。

　　有意寻找的话，我们很容易发现替代原理无处不在。特别是编程中的设计模式，包含很多替代原理和中介原理（proxy模式、facade 模式等）

联想词语 | 复印、投影、虚像、特性值、ID、代理、代办、数值、尺寸、词语、筛选、模仿、测量、测距、图解、变形、

具体实例 | 照片、镜子、地图、26 张纸、汉字、以下内容同上、代理服务器、测量体温、模仿实物的玩具、测量到星星之间的距离、花语、

"#27 一次性用品原理"是通过牺牲某种属性，用多个价格便宜的物品（纸张等）来代替昂贵的物品，从而减少维护或能量消耗。该原理特别是在使用量临时出现高峰，或者要求卫生的情况下十分有效。

该原理对于消耗、磨损、损耗严重的部分，不是使用昂贵但结实的零部件来保护，而是将其改为廉价的一次性零部件或设计。

例如自行车的制动片就是最常见的例子。从结构上来看，制动片无论如何都会发生磨损，与其使用不易磨损的昂贵材质，还不如将其设计为磨损后可以更换的零部件，这样既便宜又安全。

运送商品时，与其增强货物本身的强度，使其能够承受运送过程，不如只在运送期间使用纸箱或泡沫箱等一次性包装材料，这样成本会降低很多。

除了消耗品之外，在需要重视卫生的情况下，也经常会用到"#27 一次性用品原理"。医院的注射器和检查用品、食堂的手套等。使用一次性用品虽然乍一看有些浪费，但是与彻底清除污垢所需要消耗的能量相比，只将被污染的部分丢弃掉不仅可以实现省力化，有时还可以节省能源。

考虑是否能够用纸制品代替那些需要花费材料成本或者维护成本的部分，说不定就会创造出类似纸尿裤或纸箱等全新的商机。

把 2 和 7 组合在一起画出方便筷。用 2 表示包装袋的入口，7 表示筷子，最后在左侧画出包装袋。

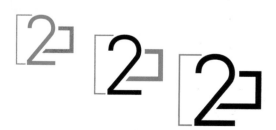

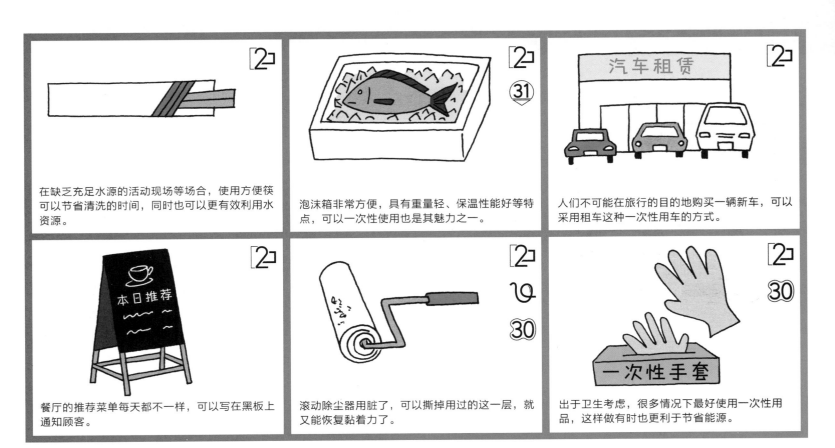

在缺乏充足水源的活动现场等场合，使用方便筷可以节省清洗的时间，同时也可以更有效利用水资源。

泡沫箱非常方便，具有重量轻、保温性能好等特点，可以一次性使用也是其魅力之一。

人们不可能在旅行的目的地购买一辆新车，可以采用租车这种一次性用车的方式。

餐厅的推荐菜单每天都不一样，可以写在黑板上通知顾客。

滚动除尘器用脏了，可以撕掉用过的这一层，就又能恢复黏着力了。

出于卫生考虑，很多情况下最好使用一次性用品，这样做有时也更利于节省能源。

虽然一次性给人的感觉不太好，但消耗部分采用一次性用品，有时效率会更高。在盘子上面直接覆盖保鲜膜，可以
省去清洗的麻烦，应用"#30 薄膜原理"还可以减少丢弃量。

联想词语 一次性、纸制、塑料制、发泡聚苯乙烯制、廉价版、临时应急措施、租赁品、分发品、撕掉、薄膜状、可立即清除、

具体实例 卫生纸、纸杯、卫生手套、纸尿裤、猫砂、汽车租赁、一次性广告牌、一次成像相机、冰、用泡沫画线、

机械系统的替代原理

"#28 机械系统的替代原理"多通过"在系统中用电磁波代替物理方法"来实现机械系统的替代。采用电磁波的新机制，可以减少磨损，降低维护成本。

在二进制中，28 可以用 11100 来表示。该发明原理符号就是将其组合而成的 28。

我们来看一下钟表发展历史中的**"#28 机械系统的替代原理"**。

过去的钟表是把发条中积蓄的力传递至大小不同的齿轮和零件，从而显示出时间。这种做法是通过物质之间的实际接触实现的，所以一定会产生磨损。

后来，机械系统被替代，转而采用以石英的振动频率为基础的结构，转动起来也不会发生磨损。

该原理与"#26 替代原理"有重合部分，下面 3 点为区分两者的主要不同点。

· 是否存在复制的观点？

· 是否保留原件？

· 被简化的是物体还是流程？

从"#26 替代原理"的别名"复制原理"可以看出，该原理是复制需要的部分，原件仍然是保留下来的。

而**"#28 机械系统的替代原理"**则是替代掉原件本身的必要性，因此不会保留被替代的物体。

另外，"#26 替代原理"很多时候是代替构成流程的物体，而**"#28 机械系统的替代原理"**很多时候替代的是系统中的某个流程。

如激光切割机、磁悬浮列车及数码相机等，很多情况都是使用电磁波或数码的力量来代替机械力学原理，使系统可以使用得更久。

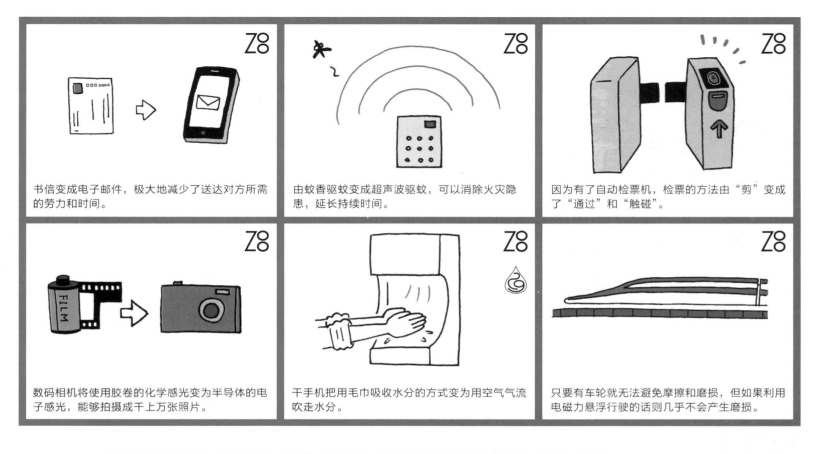

书信变成电子邮件，极大地减少了送达对方所需的劳力和时间。

由蚊香驱蚊变成超声波驱蚊，可以消除火灾隐患，延长持续时间。

因为有了自动检票机，检票的方法由"剪"变成了"通过"和"触碰"。

数码相机将使用胶卷的化学感光变为半导体的电子感光，能够拍摄成千上万张照片。

干手机把用毛巾吸收水分的方式变为用空气气流吹走水分。

只要有车轮就无法避免摩擦和磨损，但如果利用电磁力悬浮行驶的话则几乎不会产生磨损。

把依赖物质之间相互作用的结构替换为电磁结构或采用"#29 流体作用原理"，从而实现替代。

联想词语 数字化、利用电磁波、无线化、功能、结构、创新、无触碰、悬浮、应用空气的力量、应用电磁力、电磁铁、

具体实例 数码相机、激光笔、磁悬浮列车、干手机、电子邮件、IC卡、条形码、

发明原理观察
"省力化"的 4 个原理
▶▶▶ 卫生间

前面我们曾经从方法的宝库，即卫生间中提取"预先"的 4 个原理，现在再试着从中找出"省力化"的 4 个原理。

这次从如厕结束的时刻开始。

首先是卫生纸。卫生纸类产品最能淋漓尽致地体现"#27 一次性用品原理"。卫生纸可以用过后马上扔掉，如果不用卫生纸，而是把布之类的东西用完再洗，洗过再用，应该没有人会愿意吧。

具有温水冲洗功能的马桶所用的水也是可以一次性使用的资源，而且价格低廉。

扳动冲水开关，水就会流出来，把马桶冲干净。这个做法有效利用了"#25 自服务原理"。

人们有时也会为了掩盖声音而冲水，最近还出现了可以发出流水声音的装置，也可以说是"#26 替代原理"的一种应用。

此外，还有一些马桶不用冲水扳手，只要把手放在传感器的位置即可冲水。洗手时，也有伸手就可以自动流出水来的装置。用电磁传感器代替扳动冲水开关或者水龙头的机械操作，应用了"#28 机械系统的替代原理"。

这样不仅能够减少摩擦，而且也更卫生。

洗完手后用纸巾擦拭，这是"#27 一次性用品原理"。而干手机则是利用空气气流吹走水分，堪称划时代的发明，能够通过"#28 机械系统的替代原理"把纸的消费量降为零。

那么在没有卫生间的地方，想如厕时怎么办呢？如果是在山上露营的话，可以挖一个坑解决，如果是遇到堵车的话，可以使用便携式厕所。这些方法是只提取出卫生间的主要功能部分的"#26 替代原理"。便携式厕所还是该原理与"#27 一次性用品原理"的组合应用。

我曾经听说，在过去学生运动如火如荼的年代，学生们占据大学校园里的某个区域时，最终决定他们能够坚持多久的主要因素不是食物的多少，而是其占据范围内有没有卫生间。

无论是举办大型集会时，还是避难场所中，卫生间都是一个重要问题。

包含人的系统要维持运行，卫生间是不可或缺的要素。卫生间里除了省力化以外，还包含了很多有助于系统正常运行的线索。

能够用照片来代替现实的照相机，正是"**#26 替代原理**"的一个具体实例。

下面我们从"省力化"的角度来观察照相机，也一并看看其他发明原理。

照相机最常见的用法是拍摄和记录自然或人物。其原理是对象物反射的光在胶卷上形成照片，是通过"**#25 自服务原理**"实现的。

拍立得将相纸和显像液组合在一起，能够自动进行显像的后期处理，是更为极致的自服务。

以前的照相机又笨重又容易损坏，旅行时带着会很辛苦。

用纸或塑料等轻便便宜的材料制作相机外壳，旅途中也可以轻松地携带和使用，这就是一次性相机。

用一卷胶卷实现一次性使用的功能，这是最具代表性的"**#27 一次性用品原理**"的实例。

后来，使用胶卷的银盐相机变成了使用图像传感器的数码照相机，现在数码相机已经成为主流。

数码相机记录电子变化，物质上的消耗会大幅降低。

数码相机出现以后，每逢孩子的运动会、演讲会等活动，或者去旅行时，我们常常可以一天就拍摄上百张照片。与过去的银盐相机相比，每张照片的成本大大降低。

由此我们可以发现，"**#28 机械系统的替代原理**"常会带来革新性发明，是非常有效的发明原理。

看到电子装置或者利用电磁铁、电磁波的装置，可以试着研究一下它的功能在没有电的时代是怎样实现的，或许会为我们解决问题提示一些线索。

练习 "省力化"的4个原理 ▶▶▶ 智能手机

ⓐ 智能手机功能可以自动更新
➡ [发明原理   ]（提示：自动）

ⓑ 拍摄的照片可以通过缩略图显示多张
➡ [发明原理   ]（提示：以较小尺寸预览）

ⓒ 可以与别人共享相册的URL
➡ [发明原理   ]（提示：不用发送图像文件）

ⓓ 可以使用语音输入的功能
➡ [发明原理   ]（提示：不需要输入文字）

ⓔ 购买时表面贴有保护膜
➡ [发明原理   ]（提示：开始使用后会如何处理保护膜？）

接下来我们以智能手机这项重大发明为例，来做发明原理的练习。

首先，智能手机为了便于使用，ⓐ已经安装完成的软件还会需要更新。不过现在几乎所有软件的更新都是自动完成的。这是"#25 自服务原理"。

在选择数码相机拍摄的照片时，我们不用一张一张地翻看，而是可以ⓑ使用缩略图作为替代品来进行浏览，这是"#26 替代原理"。如果想与别人分享视频或者照片，可以不必直接添加到邮件里，而是ⓒ上传到网上，把 URL 发给对方。这也是"#26 替代原理"。

智能手机可以使用按钮或者触摸屏进行输入，但这种机械方式会产生物理上的摩擦，而且皮脂等污垢也很容易沾到手机上。考虑到这些因素，ⓓ现在使用语音输入的情况越来越多。这是典型的"#28 机械系统的替代原理"。

为了保护触摸屏，ⓔ智能手机在刚买来时都会贴有保护膜。比起加强触摸屏的强度，使用一次性保护膜的成本要低得多。这是"#27 一次性用品原理"。

从身边事物中发现发明原理，可以获得很多参考。智能手机已经成为我们最常见的工具，请尝试从中找出其他的发明原理。

最后，请从"省力化"的4个原理中选择您最喜欢的一个。

"＿＿＿＿＿＿原理"

TRIZ 延伸：裁剪法和资源的查找

这一组我们学习了具有"省力化"功能的发明原理"#25 ~ #28"。

其中尤其以"#28 机械系统的替代原理"最为有效。因为这个原理直接去掉了维护对象。

实际上，省力化包含减少维护和节约成本两方面含义。

为了实现节约成本，人们常会提出削减零件数量的目标。如果能够减少零件数量，不仅可以降低费用，还可以削减采购相应零件所需的时间。

裁剪法除了削减零件，还包含进一步抽象化的削减要素。为了更好地应用这个方法，TRIZ 里列出了一系列提问。

对于需要削减的零件，可以按照下面的顺序进行研究：

a. 该零件所提供的功能是否必要？

b. 周围的零件能否实现其功能？

c. 已有的资源能否实现这一功能？

d. 有没有低成本的替代品？

e. 该零件是否需要移动？

f. 能否与相邻零件使用同种材料，合二为一？

g. 是否便于组装和分解？

此外，还有一个很有效的工具，就是"**资源的查找**"。

"**资源的查找**"是指采用九屏图法或产品分析法，描述和分析构成系统的要素集合及要素间的相互作用，观察现有系统，从构成要素中发现功能。

此时应用发明原理对功能进行抽象化，可以获得更好的效果。

接下来介绍属于"改变材质"的发明原理"#29 ~ #33、#40"，通过对系统及系统要素的材料进行抽象化研究，可以发现新的功能，与之前的发明原理相比，能够给予我们更为直接的启发。

例如，流体化、薄膜化、多孔材料化等方法不改变材料的元素和分子，只改变其特性，相当于获得了新的资源，可以直接解决问题。

那么，接下来就来介绍物质系列的发明原理。

创业守成

——《贞观政要·君道第一》

物质系列

~具体针对性强、能够立竿见影的发明原理~

物质系列

前面介绍了构思系列的 3 组发明原理、技巧系列的 4 组发明原理，还剩下最后 2 组发明原理，即物质系列的"改变材质"和"相变"。

从"#1 分割原理"到"#28 机械系统的替代原理"，随着发明原理的序号增大，其内容也逐渐从抽象的概念过渡为具体的做法。

"#29 流体作用原理"之后的发明原理内容还要更为具体，涉及的领域也划分得更细。

对于平时从事与具体物质相关工作的读者来说，这一部分里可能会有很多能够直接发挥作用的发明原理；但是对于平时的工作与物质没有太大关系的读者来说，除了"#32 改变颜色原理"以外，其他的发明原理可能就不太容易发挥作用。

大家可以先重点记住原理"#1 ~ #28"，习惯了根据发明原理进行抽象化思考之后，再来学习物质系列的发明原理，这样可能效果会更好。

之前每组分别包含 4 个发明原理，不过物质系列的每组有 6 个发明原理。

因为这些发明原理与之前的发明原理相比，涵盖范围要稍微狭窄一些，还因为本书将 40 个发明原理分成了 9 组，而不是分成 10 组。原因会在后文的"发明原理符号九屏图"中介绍。

还有一点，"#40　复合材料原理"没有按原本的顺序排到所有发明原理的最后，可能也有些读者会觉得奇怪。

这是因为为了便于读者根据不同的分组，来掌握各发明原理之间的关联，只有打乱顺序，像下面一样分成每组 6 个发明原理，才能归纳得更清晰易懂。

"#29 ~ #33"及"#40"是"改变材质"的发明原理，会直接使材料的形态发生变化。

"#34 ~ #39"是"相变"的发明原理，需要控制物质的状态（相）或周围的环境（相）。

接下来就依次介绍"改变材质"和"相变"的各发明原理。

物质系列
第 8 组
改变材质

物质系列第 8 组 "#29 ～ #33" 和 "#40" 是 "改变材质" 的发明原理。

这组发明原理为了解决系统的矛盾要求，通过改变构成系统的材料的形态，使其具有双重特性，从而解决问题。

"#29 流体作用原理" 是把材料变为密度接近固体、灵活性接近气体的液体，"#30 薄膜原理" 是把材料改变为重量更小、面积更大的薄膜，"#31 多孔材料原理" 是把材料变成体积及重量更小、表面积更大的多孔质材料，"#32 改变颜色原理" 是把相同材料变为不同颜色，"#33 同质性原理" 是对不同零件采用相同材质或材料，"#40 复合材料原理" 是把多种材料组合起来，作为一种材料使用。

这些发明原理都是通过具体材料来解决问题和矛盾，所以很容易从身边找出具体实例。

发明原理 "#29、#30、#31" 之间有一个共同点，即改变材质的形态，使其体积更小、表面积更大。

"泡沫" 兼具这 3 个原理的所有特征，有助于帮助我们理解这些发明原理。泡沫具有作为流体的性质 "#29 流体作用原理"，能够形成薄膜 "#30 薄膜原理"，基本由空隙构成 "#31 多孔材料原理"。

最近有一种沐浴液，只要轻轻按压容器开关，就会冒出来很多泡泡，很少的用量就能充分清洗身体。聚苯乙烯泡沫板可以做成用途极为广泛的保温箱，这种材料顾名思义，就是将塑料原料做成泡沫后形成的。

笔记本作为我们身边最常见的发明，同时具备了发明原理 "#32、# 33、#40" 的所有特征。为了便于人们把字写得更加整齐，笔记本上印有带颜色的横线，这是 "#32 改变颜色原理"。此外，笔记本的封面和内部一样，都是用纸制成的，这是 "#33 同质性原理"，使用过后可以一并作为纸制品回收和再利用。

此外，笔记本可以将 20 张纸装订成 40 页的一册，这样人们无论是携带还是翻看都很方便。这是利用了 "#40 复合材料原理"。

如果不装订成笔记本，参加 6 个课程需要 120 张纸，每次上课时都需要花功夫才能找出要用的纸。

"#29 流体作用原理"，利用液体具有的柔软性、渗透性、水平性和弹性等各种特性，解决固体很难解决的问题，有时也会利用气体（主要是高压气体）。

用水滴来表示我们最常见到的液体水，水滴中融入了形状柔和的数字 29。

对那些看起来具有划时代意义，其实世界上已经有了的发明，人们会将其称为"车轮的再发明"。车轮的发明对人们来说，具有如此重要的地位。

车轮最开始是用木头、金属等固体制作的。因为要支撑上面装载的人或货物的重量，所以要求车轮必须坚固结实。然而另一方面，硬的车轮无法吸收凹凸不平的地面造成的冲击力，所以乘坐很不舒适。也就是说，需要解决既要结实，又要吸收地面冲击的矛盾。

在铁制的车轮上包裹橡胶的做法也能具有效果，现在的橡胶轮胎中还会充入高压空气，通过这种流体来很好地解决了结实和吸收冲击力的矛盾。

有些机器中会用到类似发动机油等润滑油，这也是"#29 流体作用原理"的具体实例，能够发挥提高运行速度和减少摩擦的作用。

将固体做成像沙子一样的粉粒状也可以看作"#29 流体作用原理"。如果能够实现类似沙子的大小，则可以作为流体进行喷射堆积起来。实际上，以色列在苏伊士运河的河岸用沙子筑成的堤防就曾经在几年间成功地阻止了埃及军队。

不过最后破坏沙堤的也是流体。埃及军队放掉运河中的水，让堤防很快崩溃，从而成功渡河，在第四次中东战争中获胜。这则逸闻会让人联想到维克多·雨果的名言"符合时机的创意要比军队更强大"。

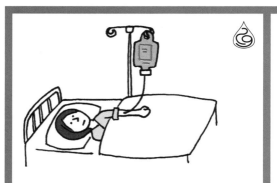

在无法服药时，可以通过点滴注射药物。

内部充了高压气体的轮胎，可以兼顾坚固性和吸收冲击力的两个方面。

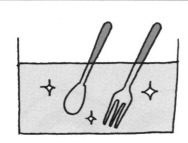

金属很难又薄又均匀地涂到其他地方，但如果在液体中进行电镀，就可以在对象物表面上覆盖一层极薄的金属膜。

水是流体，通过加压可以喷射很远。此外水也是价格最为低廉的降温方式。

像沙漏中的沙子一样，被分割成粉末状的固体，也可以显示出流体的性质。

肥皂通过产生泡沫，使表面积（界面）迅速扩大。泡沫既是流体，又是薄膜，而且还是多孔质的，可以在很多场合发挥作用。

对流体（气体、液体）加压，可以使其改变形状，或者产生排斥力"#9 预先反作用原理"。把固体分割"#1 分割原理"成细小的颗粒状或粉末状，能够产生动态性"#15 动态化原理"，可以像枕芯一样配合头部的形状，在抽取有效成分的"#2 分离原理"中也会发挥作用。

联想词语 水溶液、奶油、溶剂、水平性、毛细管现象、弹性、粉末、颗粒状、抽取、表面张力、气压、水压、高压、泡沫、

具体实例 润滑油、水床、干手机、浴液、沙漏、枕头、茶叶萃取液、电镀、轮胎、洗面奶、

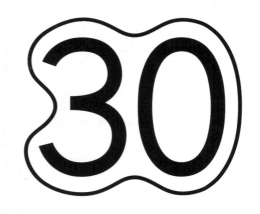

符号是用薄膜包裹在 30 的周围，形成一层外壳。

"#30 薄膜原理"又称"利用软壳或薄膜原理"。用薄膜覆盖物体表面，区分其外部和内部，或者把薄膜团起来或重叠起来做出三维结构，从而解决问题。

通过覆盖薄膜来解决问题的例子随处可见。

例如汽车的喷涂。除了涂上颜色之外，还能够防止主要成分为钢铁的汽车生锈。还有最近出现的防水外套，是通过把多层薄膜重叠起来实现的。

为什么薄膜如此方便呢？因为其厚度几乎可以忽略不计，所以从系统整体来看，相当于"有面积，但没有体积"，因此可以解决面积与体积的矛盾。

使用可以兼顾矛盾的两方面的材料来解决系统矛盾，这就是"改变材质"组的特征。

"#30 薄膜原理"的用法不只是用薄膜包裹起来。该原理的另一个应用形式是利用薄膜形成三维结构。

千层派和年轮蛋糕等由薄膜重叠形成的点心就是如此，最近成为热门话题的 3D 打印也是其中的一个例子。

纽扣电池或者燃料电池可以说是电池的原型，它们都是把性质不同的薄膜重叠起来，在有限的体积中确保更大的表面积。

像这样，在需要在有限的体积或重量之内形成更大的表面积时，可以考虑做成薄膜。另一方面，相同的条件采用不同于薄膜的形式进一步思考，还会产生"多孔材料"，即下一个发明原理**"#31 多孔材料原理"**。

无论是保存物品，还是赠送礼物，包装都能够发挥极为重要的作用。

对汽车进行多层反复喷涂，不仅可以形成漂亮的颜色，还能够起到预先防止生锈的作用。

从干层派到多层电路板、3D 打印，薄膜在三维方向上重叠的立体结构发挥着重要作用。

小笼包等采用面皮包裹食材，可以同时品尝到鲜美的肉汁和馅料。

在烹调过程中，可以把各种材料用作薄膜，将其他材料"包"或者"装"起来。

降落伞的巨大三维伞状结构由薄膜构成，所以可以折叠得很小。

　　用薄膜包裹时，使用与内容物具有不同颜色"#32 改变颜色原理"或特性"#35 参数变化原理"的薄膜，可以得到更好的效果。另外，从液体中分离"#2 分离原理"某种特定物质的薄膜在工业上随处可见。

联想词语 | 保护膜、分层结构、外壳、需要面积、不占体积、包裹、装、包装、过滤、透析、层积、

具体实例 | 汽车喷涂、保鲜膜、水果皮、细胞膜、料理、多层电路板、半导体的制造流程、分离膜、

符号以多孔材料组合而成，呈现出冰淇淋的形状。

"#31 多孔材料原理"，顾名思义，是使用具有很多孔隙的物质来解决问题的发明原理。可以在没有孔的物体上开孔，增加孔的数量，或者增添多孔物质，使对象物具有多孔的物质或功能也会很有效。

"多孔材料"这个词人们可能不太耳熟，但是从海绵等肉眼可以看到的孔，到活性炭等肉眼看不到的孔，我们周围充满了孔。

我们无法不破坏海绵而穿过固体海绵，但水却可以穿透海绵。

简单地说，多孔材料具有固体无法穿透，而液体可以穿透的矛盾性质。

在矛盾矩阵中，对于希望增大尺寸，而不增加重量这个矛盾的要求，可以使用"#31 多孔材料原理"来解决。迷你四驱车或零式战斗机采用在金属板上打孔来减轻重量的轻量化做法就是一个例子。

该原理符号采用了冰淇淋的形状，冰淇淋中包含的气泡使冰这种固体具有了软滑的口感，而且锥形蛋卷筒也是多孔材料，兼具轻便性和隔热性。

化学反应只有在物质表面才能发生，而细小的孔隙则能够以更小的体积具备更大的表面积。所以汽车的尾气净化装置、净水器等都会采用活性炭等多孔材料。

如上所述，通过把物体做成多孔的，不改变原料就可以赋予其很多特性，而且在做成多孔的部分中还可以加入有用的作用，这也可以说是"#31 多孔材料原理"的很好的用法。

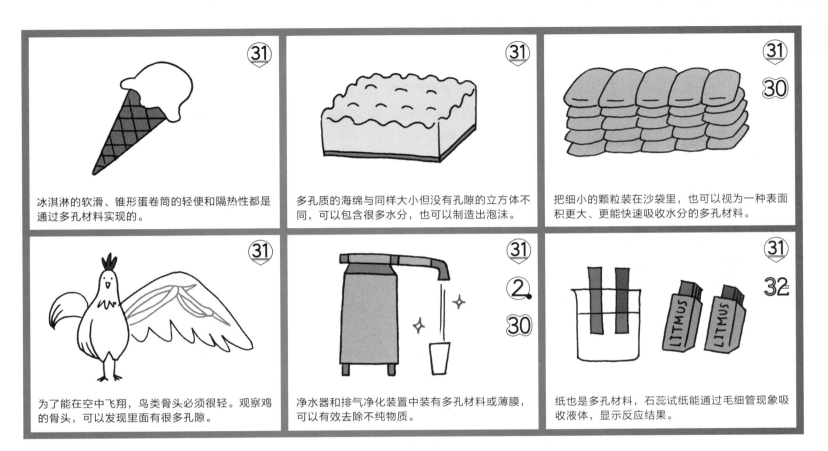

③① 冰淇淋的软滑、锥形蛋卷筒的轻便和隔热性都是通过多孔材料实现的。

③① 多孔质的海绵与同样大小但没有孔隙的立方体不同，可以包含很多水分，也可以制造出泡沫。

③① ③⓪ 把细小的颗粒装在沙袋里，也可以视为一种表面积更大、更能快速吸收水分的多孔材料。

③① 为了能在空中飞翔，鸟类骨头必须很轻。观察鸡的骨头，可以发现里面有很多孔隙。

③① ② ③⓪ 净水器和排气净化装置中装有多孔材料或薄膜，可以有效去除不纯物质。

③① ③② 纸也是多孔材料，石蕊试纸能通过毛细管现象吸收液体，显示反应结果。

通过"#31 多孔材料原理"与容易进入孔里的物质（特别是气体）发生反应，有时能够显示出绝佳效果。特别是净化废气时，多孔材料可以作为触媒载体发挥作用。

联想词语 孔、空隙、空气流通、含有空气、表面积、触媒、布、吸附、纸、泡沫、颗粒、轻、柔软、保温性、吸收性、毛细管现象、

具体实例 海绵、冰淇淋、活性炭、方便面、蛋壳、聚苯乙烯泡沫、骨头、净水器、吸油纸、高分子吸收体、

32 改变颜色原理

"#32 改变颜色原理"，顾名思义，就是通过不改变材质，只改变颜色，来提高辨别度和可识别性的解决方法。通过使同种材料呈现出可以立即觉察的不同外观，主要可以起到节约时间的作用。该原理包含将物体做成透明的、使其发光和做标记。

32

符号由中间透明的 3 的图像和带有标签的 2 组合而成。

32 **32** **32**

中间
透明的 3

把带有标签的
2 和 3 表示的
"三色"组合起来

两者合在一起

大家平时都会有"在重要的地方画上红线"或者"采用红色、黄色和蓝色等不同颜色加以区分"等做法。除了改变颜色，画线、做上标记、贴上标签等做法也都属于"#32 改变颜色原理"。

要判断硅胶干燥剂是否有效，可以添加会因湿度改变颜色的氯化钴，使其被紫外线照射时发光，这也属于该原理。

在实现可视化的做法当中，效果最显著的是"使其变透明"。

例如电水壶的刻度、圆珠笔的笔芯，以及机场行李安检采用 X 光使物体变透明，这些都是"#32 改变颜色原理"。

发明原理符号中，数字 3 的中间是空的，也是出于"透明"的考虑。

另外，在医院进行 PET 检查，需要预先给患者注射能够发出放射线的物质（放射性同位素），使需要检查的部分实现"可视化"。

将发明原理设计成"符号"，其实也是一种"#32 改变颜色原理"。我平时注意到一些创意，就会标记上发明原理符号，这也是"#32 改变颜色原理"。

说起来，最近经常听到的"萌 XX"或"XX 女孩"等说法也是一种可视化，或许也可以算作"#32 改变颜色原理"的一种。以这些为参考，来思考如何实现各种各样的可视化吧。

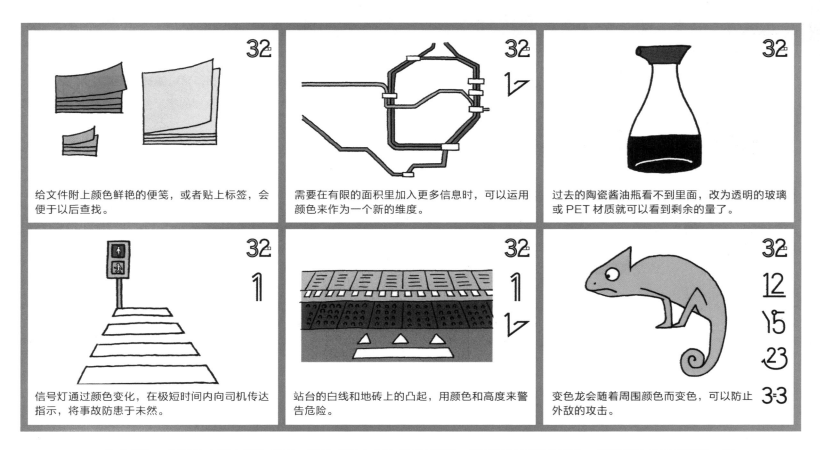

给文件附上颜色鲜艳的便笺，或者贴上标签，会便于以后查找。

需要在有限的面积里加入更多信息时，可以运用颜色来作为一个新的维度。

过去的陶瓷酱油瓶看不到里面，改为透明的玻璃或 PET 材质就可以看到剩余的量了。

信号灯通过颜色变化，在极短时间内向司机传达指示，将事故防患于未然。

站台的白线和地砖上的凸起，用颜色和高度来警告危险。

变色龙会随着周围颜色而变色，可以防止外敌的攻击。

　　改变颜色，可以让人更容易注意到，属于"#11 预先防护原理"，还可以传递更多信息，使后面的工作更顺利，因此也符合"#10 预先作用原理"。

联想词语 | 区分颜色、贴上标签、可视化、透明化、穿透、X 光线、符号化、拟人化、判定、区别、警告、吉知、荧光笔、标识、荧光、发光、

具体实例 | 白线、荧光笔、HTML、余量表、X 光线照相、电车路线图、着色硅胶、石蕊试纸、信号灯、

"#33 同质性原理"是试着把相邻的零部件替换为相同材料或材质的发明原理。通过使用相同材料，可以实现具有两面性的作用，既是多个不同的零部件，又可以在零部件之间实现统一，像一个零部件一样。

3=3

用表示相等或均质的等号将 3 和 3 连接起来，作为发明原理符号。

3 = 3
# 3=3

就像连接不同种类的金属可以形成电池一样，连接不同性质的东西能够产生某些作用。

当系统运行不够顺畅时，有时并没有明确的目的，只是把使用不同材质相接的部分换成相同材质，就可以解决问题。这就是"#33 同质性原理"（也可以看成"#12 等势原理"的例子）。

有很多历史悠久的实例可以让我们切身感受到均质化的效果。由木头和木头组成的建筑物与由木头和铁组成的建筑物，哪个更能经受住长年累岁的时间考验呢？

几乎完全由木材建成的法隆寺告诉了我们正确答案。由于建筑物整体承受的热和温度是一致的，所以更能经受漫长岁月的考验。

此外，利用"#33 同质性原理"，还可以把贴纸或价签的残留物去除干净。

有时想撕掉价签，却常有一部分残留的胶难以去除。这时可以用撕掉的价签上沾有胶的部分，按在残留的胶上再揭下来，反复几次就可以清除干净。这是利用了均质性物质之间更容易黏到一起的特性。

141 页介绍的裁剪法通过使相邻的零部件均质化，减少零部件的数量。

3-3 7
法隆寺等古代木制建筑物由木头和木头连接建成。

3-3
冰咖啡里的冰块溶解后，会使咖啡的味道变淡，但如果用咖啡制成冰块，就不会出现这种问题。

3-3
带刺铁丝的铁丝和刺的部分由同种材质制成，膨胀率一致，不易变松懈。

3-3 12
水母身体的成分与周围的水基本一样，所以很少的能量就能生存。

3-3
写有生日快乐的牌子和上面的字都是巧克力片做的，既可以看，又可以直接吃。

生日快乐

3-3
皮肤是均质的，所以拉扯某个地方也不会轻易扯破。

　　实现同质性可以免去分类的工序，考虑包括废弃之后的"#22 变害为利原理"的使用周期时，有时可以降低总成本。
　　此外，做成均质可以使物体和周围的势能相等，是"#12 等势原理"。

联想词语 | 相同材料、相同材质、相同势能、偏差少、均一、结晶、

具体实例 | 法隆寺、焊锡、巧克力片、纸餐具和纸汤匙、用咖啡制成的冰块、

用一句话概括"#40 复合材料原理",就是与前面的"#33 同质性原理"正相反,把原本是均一材料的物体,改为用几种复合材料来制作。

"#40 复合材料原理"的典型例子就是钢筋混凝土。能承受重压的混凝土和能耐受拉伸的钢筋混合在一起,形成一种两种能力都很强的材料。

而且这种材料的表面只有混凝土,所以墙面可以使用与混凝土同样的材料或技术。

把均一材料变为多种不同材料,从这一点来看,该原理可以和前面的"#33 同质性原理"形成一对。不过该原理不是简单的拼凑,关键点在于虽然组合了多种材料,但却可以像一种材料一样进行处理。

我们家里的电线即是如此。例如电源线,里面的正、负两根导线被做成了一根线。

最先是让各零部件组合起来,共同实现一个功能,在技术进步的过程中,接下来又可以把这些零部件进一步组合,使其成为一个零部件。

像这样,首先通过打包形成"基础创意",之后再进一步打包,反复利用"#40 复合材料原理",会收到很好的效果。从某种意义上来看,40 个发明原理也可以说是解决问题的方法的打包。

这样看来,该原理排在 40 个原理的最后,也确实非常恰当。

40 中的 0 的内部是不同种类的电缆被捆在一起的图案,或者是用 4 片叶子的图案来表示粗卷寿司中间的食材。

40
30

多种食材可以使粗卷寿司卷更美味，也更便于人们同时吃到多种食物。

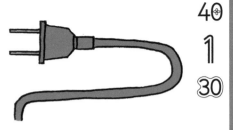

40
1
30

把电线拢在一起，用塑胶包覆起来，可以防止触电和短路。

40
6

计算机由存储器、显卡等已经通用的模块化零部件进一步组合而成。

40
10
3·3

蛋黄酱或番茄酱预先把几种材料混合起来，味道好吃又可以节约做菜时间。

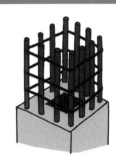

40
9

作为不同材料之间取长补短的复合材料，最有名的就是钢筋混凝土。

40

飞机的机翼为了解决重量与强度的矛盾，采用多孔材料和强劲的骨架复合制成。

"#40 复合材料原理"中，经常会利用"#30 薄膜原理"进行复合。另外，预先把材料混合起来，还可以实现"#10 预先作用原理"。

联想词语 取长补短、组合、多层化、单片化、打包、混合、模块、涂层、框架、

具体实例 钢筋混凝土、电缆、防寒器具、LSI、电路板、细胞、飞机的机翼、台式计算机、番茄酱、

练习	"改变材质"的4个原理 ▶▶▶ 烹饪

ⓐ 煮面
➡ [发明原理 　　　　　　] （提示：使用热水）

ⓑ 沙拉盖上保鲜膜后冷藏
➡ [发明原理 　　　　　　] （提示：由保鲜膜可以想到……）

ⓒ 松软的蛋糕
➡ [发明原理 　　　　　　] （提示：蛋糕中含有很多空气）

ⓓ 用透明容器装调料
➡ [发明原理 　　　　　　] （提示：容器透明能够看到内部）

ⓔ 做乌冬面用小麦粉做薄面，做荞麦面用荞麦粉做薄面
➡ [发明原理 　　　　　　] （提示：乌冬面是用小麦粉做的）

ⓕ 使用鸡汤调料做汤
➡ [发明原理 　　　　　　] （提示：鸡汤调料里含有多种蔬菜）

让我们来看看烹饪过程中"改变材质"的6个原理。

ⓐ煮面时使用热水，因为使用液体加热的热传导性更好，并可以维持温度稳定，是"#29 流体作用原理"。

ⓑ在所有的烹饪过程中都能起到重要作用的保鲜膜是"#30 薄膜原理"。

ⓒ松软的蛋糕和海绵一样，是"#31 多孔材料原理"。方便食品吸水后会恢复原来的状态，多孔的形态能够使其快速

ⓓ盛装调料的容器一般是透明的，不但可以看清调料的种类，剩余多少也能一目了然。透明及可视化是最适合"#32 改变颜色原理"的功能。

ⓔ手工制作面条时使用薄面，是"#33 同质性原理"，虽然混入了干面粉，但可以把影响降到最低。

ⓕ制作鸡汤十分费事，但如果使用预先把材料混合好的鸡汤调料，就会很方便。这是"#40 复合材料原理"。

烹饪就是把食材复合在一起来制作菜品，所以可以说所有烹饪都能成为"#40 复合材料原理"的创意来源。

最后请在"改变材质"组中选择一个您最喜欢的原理。

"＿＿＿＿＿＿原理"

🌀 ㉚ ㉛ ㉜ ㉝ ㊵

知己知彼，百战不殆；

不知彼而知己，一胜一负；

不知彼不知己，每战必殆

——《孙子兵法·谋攻篇》

物质系列
第 9 组
相变

最后一组发明原理也属于物质系列，是"相变"组。

气体、液体、固体用更专业一点的说法来说，是气相、液相、固相。改变"相"，也就是改变系统或子系统的状态，可以解决很多问题。

"改变材质"组的发明原理是改变材质或者使其变形，而本组发明原理则是从周围环境（相）对物质施加热或压力，从而改变物质自身的状态（相）。

对周围环境的改变，基本上都可以理解为"#35 参数变化原理"。其他 5 个原理甚至也可以说都是对"#35 参数变化原理"的进一步细分。

"#34 抛弃或再生原理"主要利用相的变化，去除已经发挥过作用的物质，补充（再生）不足的物质。除了相的变化以外，这一发明原理也经常会用到流体。

"#36 相变原理"会利用伴随着固体变为液体、液体再变为气体的相变产生的各种现象，例如汽化热等的潜热、汽化等引起的体积变化、固体与液体或气体流动性的不同等。

"#37 热膨胀原理"利用的是伴随温度变化产生的体积变化。无论气体还是固体，其体积都会随着温度变化而发生变化。

"#36 相变原理"和"#37 热膨胀原理"都是利用伴随着温度参数的变化而产生的系统变化，但是热膨胀原理聚焦于体积变化等肉眼可见的变化，而相变原理则聚焦于潜热等肉眼看不到的变化。

"#38"和"#39"改变的是浓度参数。顾名思义，"#38 加速氧化原理"是使物体周围充满高浓度氧气等化学性质活泼的物质。而"#39 惰性环境原理"则正好相反，是通过使物体周围充满化学性质不活泼的物质来解决问题。

"相变"组的各发明原理都是通过改变系统整体所处的环境来谋求解决问题的。这与"射人先射马"的谚语的含义颇有相似之处。

像第 161 页一样，将"#36"和"#37"、"#38"和"#39"进行对比，会更便于学习。

相变的 6 个原理的关系图

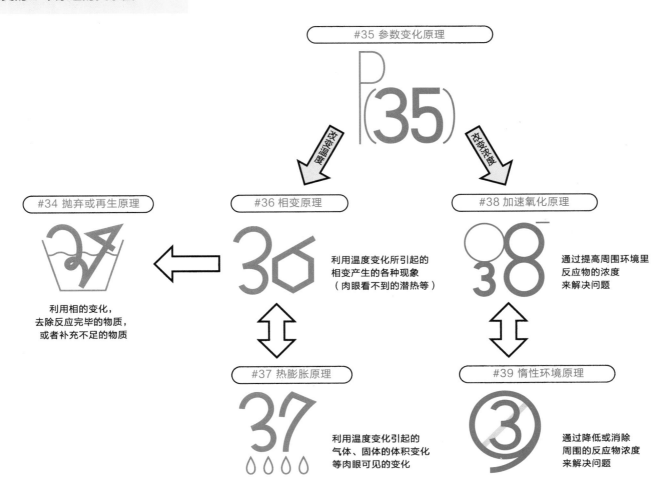

#35 参数变化原理

改变温度

改变浓度

#34 抛弃或再生原理

#36 相变原理

利用温度变化所引起的
相变产生的各种现象
（肉眼看不到的潜热等）

#38 加速氧化原理

通过提高周围环境里
反应物的浓度
来解决问题

利用相的变化，
去除反应完毕的物质，
或者补充不足的物质

#37 热膨胀原理

利用温度变化引起的
气体、固体的体积变化
等肉眼可见的变化

#39 惰性环境原理

通过降低或消除
周围的反应物浓度
来解决问题

"#34 抛弃或再生原理"就是抛弃已经发挥过作用的部分，或者补充已经消费过的部分。抛弃的例子包括拆掉模具或建筑工地的脚手架，补充则可以举出盖章后能够马上补充墨水的印章等具体实例。

符号为将 JIS 标准中的 30℃ 手洗的符号改为 34，表示把 3 投入水中，再用 4 去除的过程。

溶解后再提取出来

在洗衣服的过程中，可以很容易同时观察到抛弃和再生两方面的例子。

洗衣的过程如下：① 加入水和洗涤剂；② 搅拌；③ 洗涤剂和水与污渍一起被分离出去（抛弃）；④ 为了去除残留的洗涤剂，再次加水（再生）；⑤ 搅拌；⑥ 脱水（抛弃）；⑦ 在阳光下晾干（通过水到水蒸气的相变，来实现抛弃）。这个流程反复进行了抛弃和再生。

该原理与"#24 中介原理"有重合的部分，一般情况下中介物发挥作用之后就会被抛弃。此外，如果经过抛弃、再生之后，系统能够自动恢复到反应前的状态，则也可以视为"**#25 自服务原理**"发挥作用。洗衣机的自动清洗洗衣

槽的功能就符合这一原理。

抛弃时经常可以利用从固体到液体、从液体到气体的相变。

使用电池的电子产品是否应用了"**#34 抛弃或再生原理**"，会直接影响其便利性。笔记本电脑和智能手机等产品只要连接电源，就可以在使用的同时充电，但是也有很多电器不关掉开关就无法充电。

通常情况下，系统在持续使用的过程中性能会逐渐减退。通过抛弃和再生的新陈代谢，可以提高产品的寿命和便利性。

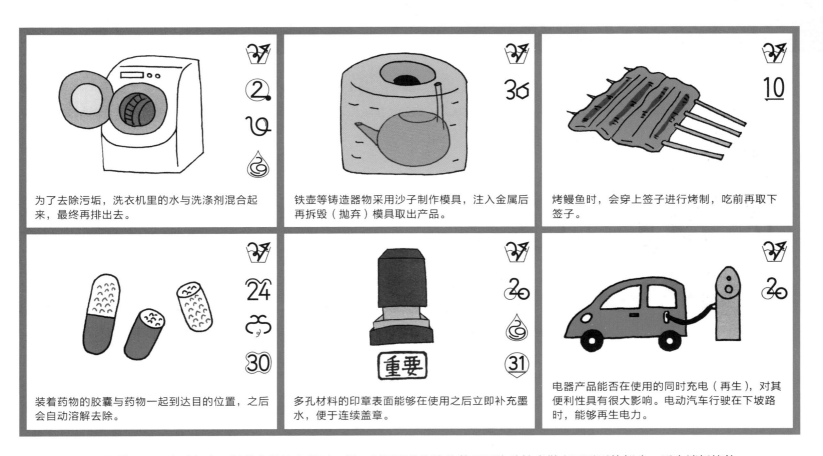

为了去除污垢，洗衣机里的水与洗涤剂混合起来，最终再排出去。

铁壶等铸造器物采用沙子制作模具，注入金属后再拆毁（抛弃）模具取出产品。

烤鳗鱼时，会穿上签子进行烤制，吃前再取下签子。

装着药物的胶囊与药物一起到达目的位置，之后会自动溶解去除。

多孔材料的印章表面能够在使用之后立即补充墨水，便于连续盖章。

电器产品能否在使用的同时充电（再生），对其便利性具有很大影响。电动汽车行驶在下坡路时，能够再生电力。

在抛弃、再生过程中，经常会像洗衣服时一样，利用固体和液体的不同流动性来抛弃不需要的部分，再生消耗掉的部分。此时利用"#36 相变原理"，可以在反应中或反应后使流动性发生变化。

联想词语 整理、补充、模具、提炼、夹具、签子、中间体、充电、流出、蒸发、析出、多孔材料、

具体实例 洗衣机、铸造品、原子印章、烤串、药物胶囊、可以在充电同时使用的电器、

数学中函数经常写成 P（x）等形式，在参数 x 的位置放入 35，就是该发明原理的符号。

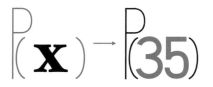

"#35 参数变化原理"尝试改变目前的材料或者反应状态中的某些参数。窍门是先尝试"轻薄短小"，也就是从轻的、薄的、短的或小的开始，然后再尝试与其相反的"重厚长大"。

意大利面很好地体现了这个原理。

一般的意大利面粗细略小于 2mm。再细一些的叫作"意大利特细面条"，更细的是"意大利极细面条"，还有更细的被称为"天使的头发"，是一种只有线一样粗细的意大利面。

这些意大利面的材料相同，都是使用杜兰小麦的粗磨面粉制成的，但是做得更细一些，就可以享受到不同的口感。

不改变粗细，而是把面条变短，就成了通心粉或笔尖面，还有截面是椭圆形的意大利扁面条、四边形的吉他面等多种形式。

另外，煮意大利面时淀粉发生变化，产生不同的口感，这也是参数的改变。

实际上"#35 参数变化原理"涵盖范围非常广，可以说"相变"组的所有发明原理都是从这个原理中重新提取出常用的方面。

温度、密度、黏性、柔软度、pH 酸碱度、材料组成等，所有可以测量的都是参数。

例如传统染色方法蓝染，在作业过程中有时需要将靛蓝与灰混合，这种做法是通过将 pH 酸碱度变成碱性，使其更容易溶解于水。

除了蓝染之外还有很多例子，即使人们并没有意识到改变了参数，但其实是"#35 参数变化原理"发挥了作用。

$$f_{(x)} = 2x + 7$$
$$f_{(1)} = 9$$
$$f_{(35)} = 77$$

改变算式的变量（参数），结果就会变化。

加热，或者改变盐分浓度，或者进行蒸煮等，烹调过程中经常要改变参数。

根据配料和调味汁，选择形状合适的意大利面，就能够做出更多美味。

靛蓝不溶于水，所以需要使用碱灰改变其 pH 酸碱度，把靛蓝制成溶于水的"白色粉末染料"。

为了确保只发生有用的反应，需要改变温度、压力或 pH 酸碱度。

颜色会因温度变化而消退的中性笔诞生了。

"#35 参数变化原理"这个原理的概念很广，所以会与其他发明原理的涵盖范围有很多重合。可以说，不导入新物质，而只进行某种改变的情况几乎都符合这个原理。

联想词语 操作条件、轻薄短小、改变 pH 酸碱度、中和、蒸发、居里温度、温度、浓度、膨胀性 、触变性、

具体实例 蓝染、意大利面、烹饪、橡皮、联合厂、形状记忆合金、

"#36 相变原理"与后面的"#37 热膨胀原理"是一对相对的原理。"#37 热膨胀原理"利用的是膨胀这种肉眼可见的变化，而"#36 相变原理"主要利用肉眼不可见的变化。

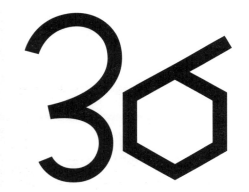

由水变成气体时的水蒸气写成 3，再由水变成固体时的雪花结晶写成 6，就是 36。

表示水蒸气的 3 和表示雪花的 6。

人们有时会用冰块来冷却一些物体，其实利用的并非冰本身的低温，而是冰块融化变成水时的潜热（溶解热），它具有从周围吸收热量的性质。

1g 冰变成水时吸收的热量相当于把 1g 水的温度升到 80℃的热量。

夏天洒水降温，也是利用水变成水蒸气时的潜热（汽化热）。

相反，人们蒸桑拿时，利用的则是水蒸气变回水时释放的热量。

除了热量的传导之外，要保持一定温度时，"#36 相变原理"也会大显身手。

要保持一定的温度，通常需要利用"#23 反馈原理"，通过频繁切换电源的开关来实现。不过，如果想保持 0℃的温度，只需要准备冰水就足够了。在需要平稳地进行大量能量的传导时，可以考虑利用相的变化。

此外，TRIZ 的例子中经常可以看到冷冻的方法。在日本要进行冷冻，需要相应的能量，而在寒冷的苏联，只要拿到户外就可以实现冷冻了。这个小插曲多少也能让我们体会到 TRIZ 诞生于苏联这个事实。

用冰块降温，这是我们最常见的利用相变实现热传导的例子。

人们觉得刨冰又凉快又好吃，也许是因为能够品尝到溶解热的温度。

发烧时贴在额头的退热贴能够通过汽化热来给头部降温。

原油

→ 汽油
→ 灯油
→ 轻油
→ 重油
→ 残油

原油经过多级蒸馏提炼为汽油、灯油，上层能够吸收下层产生的凝结热，可以提高蒸馏的效率。

超导体物质通过冷却发生相变，电阻降为0，能够悬浮在强磁场的上方。

空调利用冷媒的相变，将热量从室内转移到室外。

"#36 相变原理"在我们最常见的水的相变（由冰变成水或水蒸气）过程中经常会用到。热传导虽然无法用肉眼看到，但是通过"#36 相变原理"，可以把热传导作为有益的资源加以利用。

联想词语 汽化热、潜热、挥发、凝固、凝结、热交换及热传导、蒸馏、热量的传导和吸收、超导体、居里温度、

具体实例 冰水、刨冰、桑拿、分层蒸馏、空调、贴在额头上的退热贴、洒水降温、雾化、加热使磁力消失、

人们一般认为热量不太好利用。"#37 热膨胀原理"着眼于热量引起的膨胀，将低质的热能用作进行力学工作的资源，是很环保的一个原理。

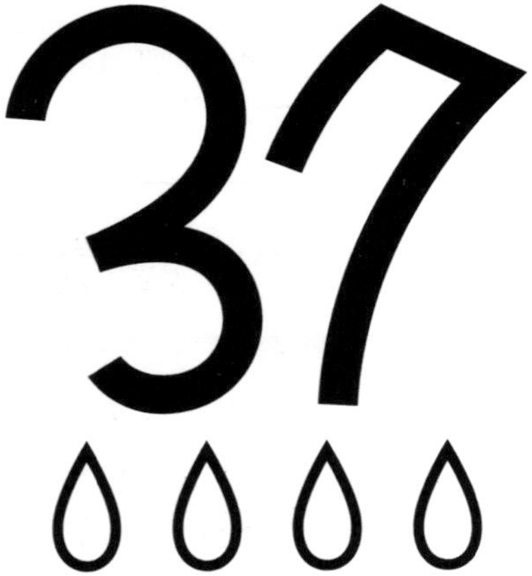

37

原理符号由因下面的 4 个火苗而膨胀的 3 和表示温控器的 7 组成。

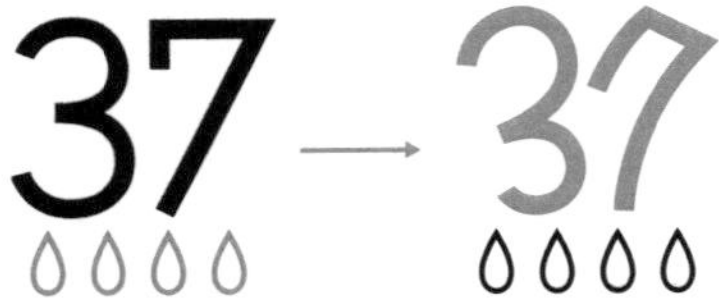

37 → 37

顾名思义，"**#37 热膨胀原理**"就是利用热膨胀解决问题的发明原理，最常见的例子就是汽车的安全气囊。汽车发生碰撞时会引爆少量火药，使气体发生急剧的热膨胀，从而使气囊膨胀起来。

不是只有液体变成气体时才会发生热膨胀。几乎所有的物质，无论是固体、液体还是气体，随着温度上升，体积都会有不小的膨胀。

例如热气球，加热空气使其膨胀，通过减轻单位体积的重量，产生了浮力。

还有，温控器就是将热膨胀率不同的两个金属（固体）贴合在一起制成的开关。它常被用于我们经常使用的各种

电暖气。温度上升时，恒温开关弯曲，就会切断电路，使温度不再继续上升。温控器的关键在于，即使不用微计算机进行控制，开关也能自动工作。

这个原理的关键，是可以把"热"这种用途有限的能量有效地转化为能够进行力学工作的能量。

热能的熵很高，所以很难用于效率较高的工作，但"**#37 热膨胀原理**"提供了一个线索，帮助我们回收热能，使其成为肉眼可以看到的力。

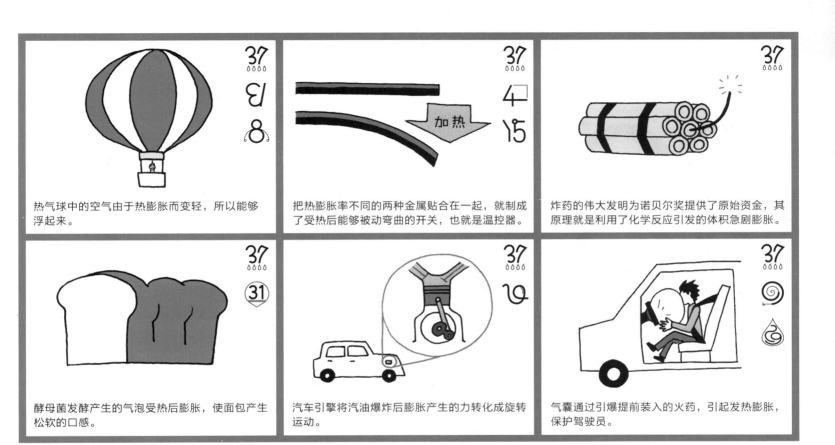

热气球中的空气由于热膨胀而变轻，所以能够浮起来。

把热膨胀率不同的两种金属贴合在一起，就制成了受热后能够被动弯曲的开关，也就是温控器。

炸药的伟大发明为诺贝尔奖提供了原始资金，其原理就是利用了化学反应引发的体积急剧膨胀。

酵母菌发酵产生的气泡受热后膨胀，使面包产生松软的口感。

汽车引擎将汽油爆炸后膨胀产生的力转化成旋转运动。

气囊通过引爆提前装入的火药，引起发热膨胀，保护驾驶员。

利用"#13 逆向思维原理"，反向利用水蒸气加热产生的热膨胀，降低充满水蒸气的密闭容器的温度，可以轻松地实现低于大气压的状态（负压）。温控器则是被动实现了"#23 反馈原理"，能够发挥重要作用。

联想词语 爆炸、气体（的膨胀）、松弛、温度调节、收缩、沸腾、活塞、升压、膨胀、

具体实例 气囊、热气球、温控器、炸药、爆米花、引擎、天妇罗的面糊、

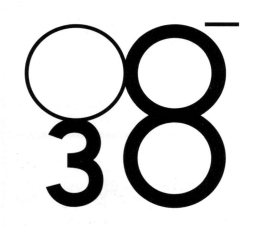

符号模仿了臭氧的分子结构。右上方的短横线表示被负离子活性化的氧。

3 个氧原子构成臭氧

顾名思义，"#38 加速氧化原理"使用的是高浓度的氧，乍一看似乎应用范围很狭窄，但是如果理解成"使其周围充满可以提高活性的物质"，该发明原理的适用范围就会更加广泛。

如果只从字面理解，就会认为"**#38 加速氧化原理**"只是使用高浓度的氧，但实际上这个原理也包括提高臭氧、活性氧等我们平时不太常见的被激活的氧的浓度。

臭氧具有强氧化性，可以用于杀菌或除臭。

另外，紫外线杀菌除了依靠紫外线实现其消毒效果之外，也包含被紫外线激活的氧气实现的杀菌效果。

为了表示这些被还原、被激活的状态，发明原理符号的右上方画有一个短横线，表示负号。

例如"**#25 自服务原理**"中介绍了

光触媒，人们会觉得是光能实现了除臭或者去除污垢的作用，但实际上是接受光能的氧化钛使空气中的氧气变为活性氧，活性氧再将散发味道的物质或污垢（多是有机物）氧化，分解为二氧化碳或水。

该原理也可以理解为在解决问题时，不改变问题本身，而是改变它周围的环境（特别是反应物的浓度）。

由 3 个氧原子构成的臭氧具有强氧化作用。臭氧的符号用 3 个 O 表示。

在潜水或治疗高原反应时，装有高浓度氧的氧气瓶不可或缺。

将乙炔和氧气混合燃烧，可以得到比在空气中燃烧温度更高的火焰。

氧气因紫外线的能量变为活性氧，能够强力氧化细菌、污垢，起到清洁物体的作用。

含氧漂白剂利用过氧化氢的氧化作用漂白污渍。

高压锅利用水蒸气的热膨胀制造出高温高压环境，从而缩短烹饪时间。

高浓度氧这种说法虽然不常听到，但是在专利中却经常被用到。用扇子给炭火扇风送入空气，这种做法就可以看作 "#38 加速氧化原理"的具体实例。

联想词语 活性氧、臭氧、紫外线、离子基、强制变化、浓、过剩、氧化、还原、反应、高温、高压、

具体实例 双氧水、光触媒、紫外线杀菌、不锈钢、局部加热、背着呼吸器潜水、生火、吸收氧、漂白剂、

用 9 围住 3，并且为了表示惰性，还画上一条斜线表示禁止。

"#39 惰性环境原理"与前面的"#38 加速氧化原理"是一对相反的原理。这个原理去除氧气等反应性质活泼的物质，用不活泼的环境（惰性气体等）将对象包围起来。

空气平时常常被我们忽略，其中包含着各种气体分子，对对象系统会产生某些作用。

切开的苹果放置一会儿就会变成褐色，这就是空气中的氧气作用的结果。

我们可以使用"#30 薄膜原理"，用保鲜膜把苹果包起来，也可以在切开的苹果周围充满氮气，通过使其与氧气隔离，从而防止苹果变色。

当然现实生活中不会这样处理苹果，但是在点心、果汁等产品的包装中，这种做法已经得到应用，被称为"氮气填充"。

核电站将用过的燃料浸入水中，能够起到抑制作用，可以说是一种"#39 惰性环境原理"。

该发明原理与"#38 加速氧化原理"一样，可以理解成用反应活性低的物质包围起来，还可以再进一步发展到添加性质不活泼的添加剂。

防腐剂、抗氧化剂等性质稳定的添加剂都是添加性质不活泼的物质的具体实例。

有时系统周围看似什么都没有发生，但实际上却正在发生某些有害的变化，此时可以尝试用氮气等不活泼的物质将系统包围起来，来判别是否真的什么都没有发生。

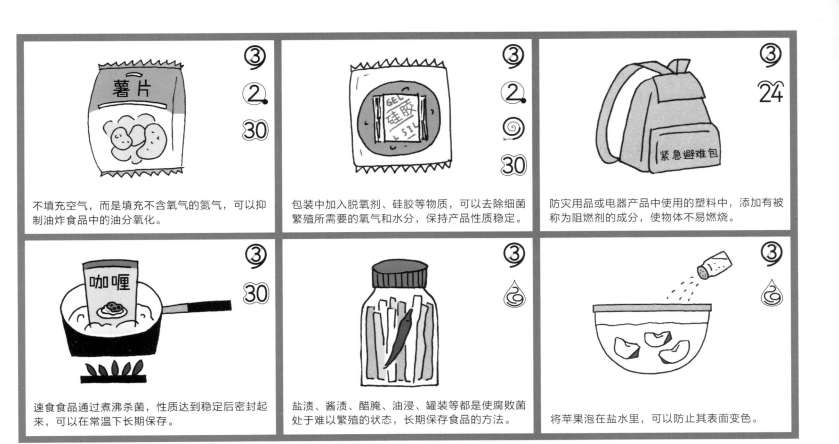

不填充空气，而是填充不含氧气的氮气，可以抑制油炸食品中的油分氧化。

包装中加入脱氧剂、硅胶等物质，可以去除细菌繁殖所需要的氧气和水分，保持产品性质稳定。

防灾用品或电器产品中使用的塑料中，添加有被称为阻燃剂的成分，使物体不易燃烧。

速食食品通过煮沸杀菌，性质达到稳定后密封起来，可以在常温下长期保存。

盐渍、酱渍、醋腌、油浸、罐装等都是使腐败菌处于难以繁殖的状态，长期保存食品的方法。

将苹果泡在盐水里，可以防止其表面变色。

　　为了保持稳定的状态，需要利用"#30 薄膜原理"，将对象物与周围环境分离"#2 分离原理"。另外，需要将对象物严密地包围起来时，很多情况下都可以使用"#29 流体作用原理"。

联想词语 惰性化、稳定化、包围、防止、脱氧剂、吸湿剂、真空、稀有气体（氩气）、阻燃剂、

具体实例 填充氮气、速食食品、原子能反应池、暖宝宝、硅胶、盐渍、熏制、荧光灯、

(a) 把鸡蛋煮成半熟或全熟
➡ [发明原理　　　　]（提示：改变煮的时间或温度）

(b) 天妇罗控油之后再装盘
➡ [发明原理　　　　]（提示：控油是为了？）

(c) 做煎蛋时加少许水，然后盖上盖子
➡ [发明原理　　　　]（提示：平底锅内可以保持一定温度）

(d) 用压力锅做菜可以缩短烹调时间
➡ [发明原理　　　　]（提示：打造高温高压状态）

(e) 盐渍咸菜可以比新鲜状态保存得更久
➡ [发明原理　　　　]（提示：可以抑制菌类繁殖）

(f) 混合了酵母菌的面包会很松软
➡ [发明原理　　　　]（提示：发酵产生的气泡受热会……）

继改变材质的 6 个原理之后，我们再来从烹调中找出相变的 6 个原理。

"#35 参数变化原理"尝试改变浓度或温度，从而缩短烹调时间或者调节软硬程度，ⓐ符合该原理。

ⓑ天妇罗控油之后再装盘，是在烹调后去掉不需要的油，是"#34 抛弃或再生原理"。

"#36 相变原理"有效利用相变产生的潜热ⓒ可以把煎蛋做得更好。加入水后盖上盖子，再调成文火，平底锅内就会充满水蒸气，水蒸气变回水时释放的潜热可以使煎蛋更加美味。

ⓓ压力锅是"#38 加速氧化原理"的应用实例，不过这并非提高氧气浓度，而是使水蒸气浓度变高，从而提高温度和压力。

ⓔ用盐渍的方法保存食物，除了调味之外，还有防止细菌繁殖的目的，是"#39 惰性环境原理"。

"#37 热膨胀原理"中介绍过，ⓕ松软的面包是酵母菌发酵产生的二氧化碳气泡受热而膨胀的作用。

最后请从"相变"组选择一个您最喜欢的原理。

"＿＿＿＿＿＿原理"

第 3 部分

发明原理实践篇

综合练习

▶▶▶ 身边的发明原理

大家读完第 2 部分感觉如何呢？

有没有切身体会到日常生活中蕴藏着无穷无尽的发明原理呢？

任何时代都有用起来不太方便的工具，但是没有一个人是因为想生产不好用的东西而生产产品的。无论什么产品，其中都包含着制作者"想做出比过去更好的东西"的想法。

理解了发明原理，我们就可以体会到日用品中所包含的、以前没有意识到的开发者的心意。这种共鸣能够为我们提供线索，帮助我们意识到，即使是公司其他部门或者其他公司的技术人员所开发的"匪夷所思的东西"，其实也可以成为"创造出价值的钻石的原石"。

另外，各发明原理的介绍页面还汇集了各领域中的应用实例。完全不同的领域却可以应用共同的发明原理，这一点不能不让人感到有趣和惊讶。

例如我自己，虽然觉得计算机里的文件夹结构与企业的组织结构之间存在共同点，但是一直以来都无法用语言将其表达出来。所以当我看到用"#7 嵌套原理"的发明原理可以体现二者的共同点，就立刻觉得找到了答案。

请大家以各组发明原理后面的练习中填写的"最喜欢的发明原理"为核心，尽情体会身边的发明原理带给我们的乐趣。

其实我也是通过观察身边的创意中的发明原理，才掌握了它们。

人们一般认为记忆是由输入形成的，但也有观点认为，回答问题、解决问题等输出会使知识更深刻地留在记忆里。

也就是说，要掌握发明原理，亲自找到发明原理，进行输出的做法会比单纯的读书带来更好的效果。

最后，除了每组发明原理之后的练习以外，本书还配备了以所有发明原理为对象的练习。题材包括烹饪及餐饮、常见的工具，以及汇集了无形事物和动作的其他类。

在这些例子当中，如果有一半以上您都可以写出其对应的发明原理，就可以说您已经很好地掌握了发明原理。

索引也是答案中的一种，如果不知道例子到底对应什么发明原理，也可以在索引中查找。

烹饪及餐饮篇

[　　]冰淇淋
[　　]高压锅
[　　]打泡器
[　　]烤鳗鱼
[　　]茶
[　　]刨冰
[　　]漏斗
[　　]酱油瓶
[　　]小笼包
[　　]牛排
[　　]炭火烤肉
[　　]巧克力
[　　]天妇罗面糊的碎渣
[　　]纳豆
[　　]意大利面
[　　]酸黄瓜
[　　]河豚
[　　]寿司粗卷
[　　]电动搅拌器
[　　]蛋黄酱
[　　]千层派

工具篇

[　　]服药记录表
[　　]干电池
[　　]高尔夫球杆
[　　]三脚架
[　　]干手机
[　　]自行车
[　　]照片
[　　]订书器
[　　]智能手机
[　　]拐杖
[　　]卫生纸
[　　]剪刀
[　　]球拍
[　　]紧急避难用品包
[　　]复式记账法
[　　]拼插积木
[　　]贝纳姆陀螺
[　　]卷尺
[　　]套娃
[　　]一次性方便筷

其他

[　　]7段码显示法
[　　]PDCA循环
[　　]做鬼脸
[　　]站内商场
[　　]离心力
[　　]语音输入
[　　]费用估算书
[　　]急刹车
[　　]捡垃圾
[　　]自动扣款
[　　]咀嚼
[　　]分层蒸馏
[　　]抽打达摩摆件游戏
[　　]复平面
[　　]免费服务战略
[　　]眨眼
[　　]申请表
[　　]路线图

TRIZ 延伸：尝试逆向 TRIZ

习惯了使用发明原理后，下一个步骤就是考虑眼前的创意解决了哪些矛盾。换成 TRIZ 用语来说的话，就是有意识地观察矛盾定义，思考该创意解决了哪些参数的矛盾。

向别人介绍自己喜欢的东西时，比起只是拿给对方看，追问人家"这个东西不错吧"，如果能够用"它解决了两个特性参数之间的矛盾"的方式来说明其优点，是不是更酷一些呢？

第 1 部分中介绍了矛盾定义的方法，不过我们最开始不用过多地考虑 39 个特性参数的问题。例如看到三脚架，能够想到体积与便于搬运的矛盾是通过将支架收纳到内部，即利用"#7 嵌套原理"解决的，只要达到这种程度就可以了。

即使要考虑特性参数，也不必过多考虑"是运动物体，还是静止物体"等细节问题，只要能够形成粗略的印象，例如认识到这是长度与使用便利性的矛盾即可。只要能把眼前的问题理解为某两者的矛盾就算及格了。

世界上到处都是用"正确"和"错误"来进行判断的考试，但适用何种特性参数，或者适用哪个发明原理，这些问题不存在错误的答案。

某些产品的制造者会明确宣称自己解决了哪些特性参数的矛盾，但其实他们的做法也只是多种正确答案中的一种。即使我们思考的"特性参数的矛盾"不同于制造者的观点，只要能够通过定义矛盾创造出新的价值，那么就是正确答案。

为了便于大家理解发明原理，本书的练习部分提示了类似正确答案的内容，但即便读者选择不同于答案的发明原理也没有关系，只要这样理解能够带来新的发现，那么就没有任何问题。

请大家不要害怕犯错，不断挑战逆向 TRIZ。

对于之前的练习中提到的内容或者各发明原理中举出的例子，也可以尝试进行逆向 TRIZ，考虑这个做法是为了解决哪些特性参数的矛盾。类似的不断积累，一定会对产生新创意带来很大帮助。

TRIZ 延伸：
如何进一步学习 TRIZ？

前面共分 7 次介绍了发明原理之外的 TRIZ 工具。

TRIZ 的技术体系十分庞大，还有很多内容本书无法详尽介绍，所以继续学习的门槛确实很高。有很多人听说过 TRIZ 的名字，但深入了解的人恐怕很少。

我学习 TRIZ 的过程比较顺利，因为刚开始学的前两年期间，我一直坚持观察发明原理。这也是我创作本书的动机。

发明原理是 TRIZ 的基本，TRIZ 的其他方法中也包含了发明原理的精髓。例如本书简单提及的"31 种进化趋势"，其中有很多是将 40 个发明原理具体化的内容，或者由几个发明原理组合而成。

在阅读关于 TRIZ 整体的书时，对 40 个发明原理的掌握程度会起到很重要的作用。这与去海外旅行时学习常用的英语是同样的道理。如果语言不通，旅行就会非常辛苦，但如果懂得语言，就会有很多机会去发现新东西。

掌握了发明原理这种语言，就会在看似平淡无奇的日常生活中找到新的发现。学会了发明原理之后，请您一定继续深入探索 TRIZ 的世界。

介绍 TRIZ 全貌的图书大多都是杰出的力作，任何一本都会为您带来超过图书价格本身的收获。

此外，也可以参考日本 TRIZ 协会提供的网址链接。

http://www.triz-japan.org/Link.html

特别是其中的"TRIZ 课堂"里有阿奇舒勒和其弟子相关著作的翻译版本。

如果您已经习惯了观察发明原理，并大致了解了 TRIZ 的全貌，接下来还想知道"使用 TRIZ 解决问题"的更精确的方法，那么可以阅读终极参考读物《系统性创新》。该书的作者达雷尔·曼恩可能是迄今为止把 TRIZ 实践得最好的人。而且这本书的日文版也是由日本最早致力于 TRIZ 研究的十几个人所翻译的。

相信你只要看过一遍这本书，就能领略到它的魅力，就会变得像我一样，想把 TRIZ 传授给更多的人。

写作本书时，我也多次参考了《系统性创新》。

但是这本书是 B5 开本、近 500 页的鸿篇巨制，所以并不适合作为入门读物。请在掌握了发明原理，并读完一本其他介绍 TRIZ 概况的书之后再尝试挑战。

标记发明原理符号

前文介绍了透彻研究 TRIZ 需要从发明原理开始。接下来介绍如何随时思考发明原理和矛盾矩阵，并通过逆向 TRIZ，在日常生活中制作属于自己的创意集。

我们可以以夹在报纸中的广告或者投入信箱的家电量贩店和超市等的宣传单为题材，尝试练习。

把宣传单拿到稍远一点的距离看，会注意到其中使用了很多种颜色。这正是"#32 改变颜色原理"。于是我们可以在宣传单的旁边画上"#32 改变颜色原理"的发明原理符号 **32**

在宣传单的最上方，一般是画得很大的推荐商品，其他商品会根据推荐程度来调整其所占面积的大小，这些做法应用了"#4 非对称原理"。那么再画上 **4** 的符号。

另外如果在宣传单里登载的商品中发现了发明原理，也要画出相应的发明原理符号。

标记发明原理符号只要做到这些就可以了，不过作为逆向 TRIZ 的更进一步练习，我们还可以利用矛盾矩阵，进行更深入的 TRIZ 观察。

这个宣传单解决了什么矛盾呢？

如果不能马上找到答案，使用九屏图法考虑上级系统，可能会有所帮助。

例如可以画出类似下面的矩阵。

	过去	现在	未来
上级系统	看报纸	看的人 其他店的宣传单 ↑	读者会来光顾本店吗？ 会去其他店吗？
对象		宣传单	
下级系统			

考虑上级系统，可以发现宣传单的周围还存在"看宣传单的人"和"其他店的宣传单"。

如果想宣传本店销售的商品种类比其他店更多，就要比"其他店的宣传单"登载更多的商品，但如果太浪费"看宣传单的人"的时间，他们就会被其他店的宣传单吸引过去。

为了防止这种情况，可以增大招牌商品的面积，但这又与想在有限的版面上登载更多商品的要求产生了矛盾。

宣传单中包含想登载更多商品就需要缩小每个商品的面积（特性参数 6：静

止物体的面积）与希望读者马上掌握内容（特性参数 25：时间损耗）的矛盾。

这种情况很难区分改进的参数和变差的参数。此时的窍门是同时参照两个方面。查找矛盾矩阵，可以发现这种情况适用以下 5 个发明原理。

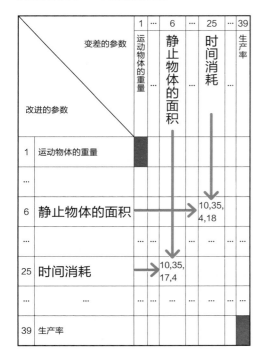

改进的参数 \ 变差的参数	1 运动物体的重量	...	6 静止物体的面积	...	25 时间消耗	...	39 生产率
1 运动物体的重量							
...							
6 静止物体的面积					10,35,4,18		
...							
25 时间消耗			10,35,17,4				
...							
39 生产率							

"#10 预先作用原理"

"#35 参数变化原理"

"#4 非对称原理"

"#18 机械振动原理"

"#17 维数变化原理"

考虑这 5 个发明原理的同时，再来看宣传单，就会发现除了刚才发现的面积的"#4 非对称原理"之外，还可以改变文字的粗细或字体等，即"#35 参数变化原理"。

此外，考虑"#17 维数变化原理"，宣传单上还可以登载照片，或者利用电视广告等其他维度，通过"#10 预先作用原理"提前提醒顾客查看明天晨报中的宣传单等。

那么"#18 机械振动原理"是怎样应用的呢？如果宣传单上的招牌商品也可以像手机收到信息时一样产生振动的话，就能够实现"即使面积较小也能马

上看到"的效果了。这是未来的新型宣传单的理念。

或者我们可以别出心裁，从更加抽象的层面来考虑"振动"。例如，如果在希望引起读者注意的部分画上锯齿形的装饰，这个锯齿形的装饰也可以理解为振动。那么我们也可以像下图一样，用同样的方式标记上这条发明原理。

18 机械振动原理

以上根据平时很常见的宣传单，从发明原理或矛盾矩阵的角度来考虑，就很容易理解其中包含的创意。

另外，领会了这些创意之后，在旁边标记上发明原理的符号，就更便于以后参考。这也是一个关键。

标记的使用方法

接下来介绍一下如何使用标记和积累的创意，来解决自己的问题或者产生新的创意。

读者在读过本书之后，还可以把它作为解决问题和产生创意的实例集来用。索引就是这本实例集的目录，而索引的制作过程恰恰也是实践 TRIZ 的例子。接下来，就以本书的索引中所包含的创意为例，根据 TRIZ 发明原理和矛盾定义，来介绍发明原理的使用方法。

首先试着再来考虑一下制作索引的目的是什么。例如可以是"迅速找到正文的信息"。

迅速找到信息，也就是希望改进"特性参数 25：时间损耗"。

那么在制作索引时，追求这个目的会产生什么矛盾呢？

如果重视便利性，随意增加索引条目，就会导致索引页面的面积增多，找到目的条目的时间也会随之增加。"增加索引条目"就是"静止物体的面积"，这个参数与时间损耗互相对立。

这和宣传单中存在的矛盾是一样的。通过对问题进行抽象化，零售业和出版业这两种完全不同的产业就具有了相同的矛盾。

因此我们要考虑的发明原理也和刚才一样，是"#10""#35""#4""#18"和"#17"这 5 个发明原理。

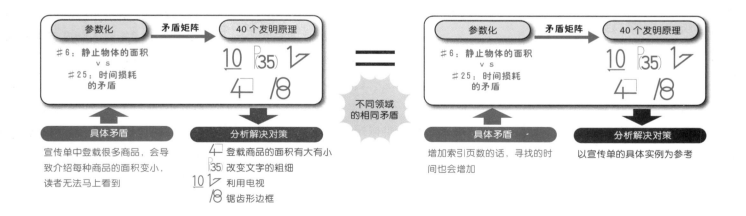

这时，标记并累积起来的发明原理就可以发挥作用了。我们可以通过发明原理对其他领域制作"宣传单"的方法加以抽象化，并灵活运用。

和宣传单一样，我们也可以根据"#4 非对称原理"，让索引的条目大小有别，或者根据"#35 参数变化原理"，改变文字的粗细等。本书的索引也采用了这些做法。

接下来是"#17 维数变化原理"，宣传单中使用了商品的照片。那么我们也可以除了文字之外，再附上照片或图片等新的维度。

这也符合本书索引的目的，因为大部分的索引条目都是为了便于读者反向查询"发明原理的具体实例"。

在介绍各发明原理的左右对开页中，左页都会写有很大的发明原理符号，比页码更醒目。

17 维数变化原理
Another dimension

因此索引条目的表示方法也可以由

> 折纸·······················99

变为

> 折纸·······················99

这样就可以同时标记出发明原理符号这一其他维度的内容。而且从标签的角度来说，这里还包含宣传单上也有的"#32 改变颜色原理"。

接下来是"#10 预先作用原理"，这就是我们现在正在做的事情。在索引之前，先预先说明"索引的使用方法"。所以读者看到索引时，就可以马上知道如何使用了。

最后还有"#18 机械振动原理"。这是留给大家的，请给您喜欢的发明原理或者让您感到恍然大悟的具体实例亲手画上波浪线或用锯齿形装饰框起来吧。

像上面这样，对具体的矛盾进行抽象化思考，通过 TRIZ 找到解决的方向，提取其他领域解决方案的精华，落实为具体解决方法，这个流程（左页下图）就是贯穿 TRIZ 整体的内容。

不断把自己面对的问题以从矛盾定义到矛盾矩阵，再到发明原理的形式进行抽象化处理，有助于我们更深入地发挥 TRIZ 的科学思考辅助作用。

发明原理符号
九屏图

前面介绍了矛盾定义和矛盾矩阵等"正统"的发明原理的使用方法。

但是，我们有时也会遇到难以进行矛盾定义的情况。为了应对这种情况，最后再来介绍一下我研究出来的"发明原理符号九屏图"。有了这种方法，即使没有矛盾矩阵也能轻松地选出适用的发明原理。

这种方法如下页所示，将第 2 部分介绍的发明原理符号和发明原理名称分组归纳在 3×3 的表格中。

发明原理的排列顺序稍有些不自然，这是因为根据九屏图中的位置关系，一维的数字排列顺序变成了二维的顺序，这是"#17 维数变化原理"。

如果对象系统还处于构想阶段，请尝试从九屏图中表示事先的左面一列，即"拆分""组合"和"预先"这 3 组发明原理中寻找解决方案。

如果系统的形式在某种程度上已经确定，需要尽快解决实际发生的问题，那么请尝试根据发生的现象，从九屏图中相当于"事后"的右面一列，即"高效化""无害化"和"省力化"这 3 组发明原理中考虑解决方案。

对于中间一列的 3 组发明原理，可以根据九屏图的上级系统、下级系统的上下关系来考虑。需要改变系统的要素时，请尝试下层的"改变材质"组；想改变相当于上级系统的环境时，请尝试上层的"相变"组；需要改变系统整体时，可以尝试正中间的"变形"组。这个上下关系对位于最右侧的第 3 列也基本适用。

关于 TRIZ 对问题解决进行抽象化的效果，我想在这里补充一点。实际上，在发明原理符号九屏图中，也存在着与索引同样的矛盾（面积与时间损耗的矛盾）。因此，为了方便读者尽快选择合适的组，这里也运用了同样的发明原理。例如每组都选出一个代表性的发明原理，这是"#4 非对称原理"。

不知道如何进行矛盾定义时，可以使用这个九屏图。例如，为了对系统中已经发生的问题进行无害化处理，可以使用"#21 高速运行原理"等。希望发明原理能随时为大家带来帮助。

■ 发明原理符号九屏图

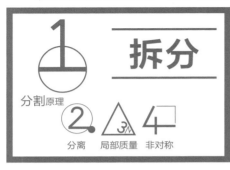

拆分

分割原理

分离　局部质量　非对称

相变

参数变化原理

抛弃或再生　相变　热膨胀　加速氧化　惰性环境

高效化

维数变化原理

机械振动　周期性动作　连续性

组合

合并原理

普遍性　嵌套　配重

变形

逆向思维原理

曲面化　动态化　不足或超额行动

无害化

中介原理

高速运行　变害为利　反馈

预先

预先反作用原理

预先作用　预先防护　等势

改变材质

复合材料原理

流体作用　薄膜　多孔材料　改变颜色　同质性

省力化

机械系统的替代原理

自服务　替代　一次性用品

索 引

正如第 182 页的说明中介绍的，本索引包括了词条出现的页码，并用彩色印刷了与之相关的发明原理符号。

索引中的词条包括发明原理名称、TRIZ 专用术语和一般名词三类。为了加以区别，TRIZ 专门用语用黑体表示，发明原理名称则采用更大字号的黑体来表示。

使用索引可以查找到发明原理介绍页面的页码，以及一般名词出现的插图或练习页码。

21 世纪，人类的下一个课题是，
如何统观并充分运用不断增加及细化的知识。
其具体解决方法就是实现知识的结构化。

——第 28 任东京大学校长　小宫山宏

结　语

感谢大家阅读本书。

最后请允许我做一下自我介绍。我叫高木芳德，是一家超过 10 万名员工的大型企业中唯一的"创意师"。

TRIZ 研究、公司内外的 TRIZ 培训或普及等都属于我工作的一部分。

我最早接触 TRIZ，是在 6 年前，当时我正在公司内部寻找"下一个工作岗位"。

而在那之前的再 6 年以前，我在 IT 部门工作，业绩还不错。但在与印度同事一起工作的过程中，我开始对自己只靠 IT 方面的工作积累经验感到不安，所以从系统工程师的职位转到了同一公司内的研究职位，在这里我每天都会得到很多启发。但是 6 年后，这个部门受到金融危机的影响而关闭，我需要自己寻找其他的工作岗位。

当时，我认为单纯再找到一个职位也没有什么意义，所以就在公司宣布自己以后专门负责为需要的人提供头脑风暴式的创意想法。

有一位前辈听说了我的事情之后表示愿意帮助我。我们之前并不认识，而且工作地点相隔 50 公里以上。正是他教给了我关于 TRIZ 的知识 。

学习了 TRIZ 之后，我每天都颇有感触：自己的知识或经验不再只是让人感到好奇和新鲜的杂学，而是有助于创造的智慧，变得更容易传达给对方，还能够进一步成为宝贵的礼物。

这种感觉就像拥有了一个坚实的后盾，从此不再像过去从事研究工作时一样，因为"知识爆炸"而焦虑。

在极度通货膨胀中，货币的价值会在一天之内一落千丈，早上赚到的钱到了晚上就变得跟废纸一样。"知识爆炸"与这种情形相似，耗费大量时间和成本

开发出来的技术，眨眼间就会变得不足为奇，变成任何人都会做的事。

例如我们现在正在拼命开发的，或者已经完成的附加价值或产品，在 5 年之后很可能就要与下一代智能手机或个人制作的免费应用进行竞争。

之所以会出现这种情况，是因为搜索引擎问世之后，人们获得信息或知识的成本（金钱、时间）急剧降低，个人可以获得的信息，无论是数量还是准确度都大幅提高。而且包括新兴国家在内，从事脑力劳动的劳动者人数呈现几何级数式增加。

从消费者的角度来看，这当然是好事，但是对以创造知识价值为生的企业和个人来说，却是一个充满危机的环境。因为必须要不断持续创造出新的知识价值才行。

我正是在思索这些问题的过程中，接触到了 TRIZ 。

* * *

近年来，人们对创造力的关注不断提高。曾几何时，创造性工作或者创造力还只是很少一部分人才需要具备的能力，但是最近，创造力却与沟通能力一样，变成了一种基本素养。

可以说，这种趋势与计算机和IT 的发展互为表里。IT 以及最近的ICT（Information Communication Technology）领域的发展，不仅深入到网上点餐及支付等固定业务的自动化过程，还已经涉足过去被看作专属于人类、计算机无法胜任的领域。

使用亚马逊等网站可以发现，针对不同的顾客推荐合适的商品，这种非固定业务过去一直都被认为是只有通过人与人之间的长期交往才能完成，而现在也实现了自动化。

实际上，对于类似"选 A 还是选 B"这种从已有的选项中进行选择的工作，计算机已经超越了人类。现在，在亚马逊销售的所有商品，即超过 5000 万种选项中进行选择也已经成为计算机的工作内容。

即使是具有无数选项、仍被认为是人类专属领域的将棋，在 2013 年春的职业棋手对计算机将棋软件的 5 对 5 团体赛"第二届将棋电王战"中，专业棋手队最终以一胜三负一平的成绩败北。特别是在最后一局比赛中，顶级棋手败给了东京大学的"GPS 将棋"，在日本国内外引起了轩然大波。

不过，打成平局的第四局显示了人类的一些优势。在大家都认为只可能有胜和负（认输）两个选项的情况下，经验丰富的棋手创造出了通过"24 点法持将平"的新方向。

为了创造出这个新选项，棋手开动大脑冥思苦想，与无法应对这种状况，只会不断抛出过河卒的计算机（以及只能对此苦笑的开发者）形成鲜明对比。

到下一次比赛时，恐怕计算机将引进应对"24 点法持将平"的方法，对抗职业棋手的能力也会随之提高。

不过它的这个目标，无疑仍是源于人类的创造力。

面对根据摩尔法则能力不断翻倍提升的计算机，我们不必恐惧，而是应该与计算机互相激励以实现双赢。要实现这个目标，与处理能力相比，我们更应该训练创造力。

也就是说，现在已经由在选项中做选择的时代变成了每个人都需要创造选项的时代。

必须锻炼创造力的时代，也正是TRIZ 大显身手的时候。

正如我在前言中所说，现在大多数创造方法都是对自己头脑中已有的经验，通过各种视角或角度进行理解，并与其他经验结合，创造出新事物。

相比之下，TRIZ 则不仅仅是提供其他视角，同时还创建了一种用于创造的理论，涵盖了迄今为止出现过的各种实践方法。

通过学习 TRIZ，我的创意范围得到了拓宽，远远超过了之前，而且还创造出了创意师这个新职业。

* * *

另一方面，我也还在继续学习 TRIZ 的庞大体系。如果本书能使读者对 TRIZ 产生兴趣，帮助您体会到其中的一些效果，或者让您产生"就当作是背 40 个英语单词，把 TRIZ 的 40 个发明原理背下来"的想法，我会非常高兴。如果有哪一个发明原理符号让您觉得"想试着画画看"，就从动手画它开始吧。

当今时代技术极为发达，只要稍微远离熟悉的范围，我们就会发现到处都是自己不懂的东西。但是如果能有意识地利用发明原理，那么即使面对的是不同领域的技术所实现的创意，我们也可以从中获得线索，在得到知识的同时学到技巧。

此外，过去只能属于杂学的知识，或者人们一直认为无法应用到其他领域的专业知识，也可以通过这个途径帮助大家解决问题，这是非常值得高兴的。

希望大家都能掌握发明原理，体会到其中的乐趣。

* * *

接下来，请允许我向身边的人表达我的感谢。

首先要感谢池田昭彦先生，是他教给我发明原理，并为我提供了作为创意师大展拳脚的舞台。还有教授我 TRIZ 整体内容的永濑德美老师，请允许我向这两位老师表达感谢。

同时感谢石原、堀内等和我一起学习 TRIZ 的朋友，以及为我们提供机会的各位前辈。

还有和我一起应用九屏图法的渡边、福士和新谷等现在的各位同事，以及和我一起应用 TRIZ 研发出新专利的半导体开发部门的各位同仁。感谢大家对我的支持和帮助。

当然，能完成这本书，我还得到了很多人的帮助。

首先，本书能够收入丰富的实例插图，这要感谢国誉株式会社、日本科学未来馆、北陆尖端科学技术研究生院大学、理化科学研究所以及东京大学的各位老师的大力协助。

特别是在列举实例方面，东京大学的村上存教授给予我莫大的支持，学习"机械设计学"课程的山本、三上、大森和高桥等同学的调查实例也给我提供了参考。

本书能够出版，还要感谢干场社长和堀部先生的英明决断和编辑能力。如果大家觉得本书清楚易懂，这都要归功于这两位先生以及 discover 21 出版社的各位工作人员。此外，还要感谢把我介绍给干场社长的长尾先生。

相反，本书如果有不易理解的地方，则都是我的责任，因为我常任由创意如洪水一般肆意奔流。

此外还有公司的同事、厚木创意秘密基地的各位同事、初高中及大学期间的朋友和学弟学妹、TRIZ 协会的各位、IDEA 公司的各位，以及在品川 monolab 等公司外部活动中相识的各位，对我的有时会令人费解或者脱离常规的创意仍然耐心倾听、觉得有趣并给予信任，感谢大家。

我对大家心怀感激，坚持写完了本书。

最后，我想像我一样，家里有三个孩子，夫妻两人同时上班，在工作的同时还从事写作的人应该不是很多。

在这种情况下，我还可以写出这本书，应该感谢每天照顾孩子们的学校、托儿所，妻子、孩子们、父母和岳父母对我的无私支持更是不可或缺。衷心感谢大家。

还有很多这里无法一一列举的各位，或者我没有记得的各位，这里无法对所有人尽述谢意。为了下一代，我也希望通过 TRIZ 让日本的技术再上一个新台阶，对世界有所贡献，以此作为我对大家的回报。我打算把发明原理符号作为知识共享（creative commons）予以公开。

希望今后仍能得到大家的帮助和指正。

创意师　高木芳德

出版后记

听到"发明"这个词，可能很多人会想到"爱迪生发明电灯""瓦特改良了蒸汽机"等重大发明吧。

其实除了这些推动人类历史前进步伐的划时代发明之外，我们身边每时每刻都有新发明不断诞生。TRIZ 创新理论就是苏联专利审查员根里奇·阿奇舒勒以大量专利发明为基础，从中归纳总结出来的。

阿奇舒勒发现，不同领域的问题可以采用同样的方法解决。因此他提出了能够跨越不同行业界限的 TRIZ 创新理论。TRIZ 发明原理通过消除或解决发明过程中遇到的技术矛盾，帮助发明家找到解决问题的方法或创意。

本书作者高木芳德先生在一家大型企业中担任"创意师"，专门从事应用 TRIZ 进行创造的工作。他为我们介绍 TRIZ 发明原理的过程，也体现了多种创意，使本书完全不同于以往的 TRIZ 读物。

首先，本书将原本源于工业领域的 TRIZ 发明原理与我们的日常生活紧密地联系起来。TRIZ 既是解决发明难题的实践工具，其背后也体现了一种消除或化解矛盾的哲学思想。本书通过日常生活中随处可见的大量实例，使普通读者也得以了解和运用这种强大的创新工具。

此外，高木先生为每个发明原理设计了独特的专用符号。符号中既包括发明原理的序号，又能体现出该原理的含义。这项工作本身就是用发明原理解决实际问题的典型例子。

最后，本书还根据作用机制对发明原理进行了分组。每组都以其发明原理的共同点命名，便于读者掌握其中的代表性发明原理。将 9 组发明原理整理在九屏图中，也更便于读者系统地了解其整个体系。

正如作者在后记中写的，过去创造性工作或创造力只是很少一部分人才需要具备的能力，但在如今，创造力已经与沟通能力一样，成为所有人都应该具有的基本素养。希望本书能帮助我们在日常生活中培养出更强的创造力。

为了最大限度体现原书的精心设计和独特风貌，本书采用与原书最为接近的横版开本，方便读者在了解发明原理的同时体会其中所蕴含的创意，并将本书作为培养创造思维、提高创造力的实用工具。

服务热线：133-6631-2326
　　　　　188-1142-1266
读者信箱：reader@hinabook.com

后浪出版公司
2018 年 1 月

图书在版编目（CIP）数据

日常生活中的发明原理 / (日) 高木芳德著 ; 蔡晓智译. -- 成都 : 四川人民出版社, 2018.7
ISBN 978-7-220-10767-2

Ⅰ.①日… Ⅱ.①高… ②蔡… Ⅲ.①创造发明—普及读物 Ⅳ.①N19-49

中国版本图书馆CIP数据核字(2018)第073066号

トリーズ（TRIZ）の発明原理40　高木芳徳
"TRIZ NO HATUMEI GENRI 40" by Yoshinori Takagi
copyright© 2014 by Yoshinori Takagi
Illustrations by Uki Murayama
Original Japanese edition published by Discover 21, Inc., Tokyo, Japan
Simplified Chinese edition is published by arrangement with Discover 21, Inc.

本书中文简体版权归属于银杏树下（北京）图书有限责任公司。

四川省版权局
著作权合同登记号
图字：21-2018-98

RICHANG SHENGHUO ZHONG DE FAMING YUANLI

日常生活中的发明原理

著　者	［日］高木芳德	印　刷	天津翔远印刷有限公司
译　者	蔡晓智	成品尺寸	240毫米×172毫米
选题策划	后浪出版公司	印　张	12.5
出版统筹	吴兴元	字　数	192千
特约编辑	郎旭冉	版　次	2018年7月第1版
责任编辑	蒋东雪　杨雨霏　张洁	印　次	2018年7月第1次
装帧制造	墨白空间	书　号	978-7-220-10767-2
营销推广	ONEBOOK	定　价	49.80元

出版发行	四川人民出版社（成都槐树街2号）
网　址	http://www.scpph.com
E-mail	scrmcbs@sina.com